山西省关帝林区常见林木害虫图谱

李志强　张志伟　◎主编

图书在版编目（CIP）数据

山西省关帝林区常见林木害虫图谱 / 李志强，张志伟主编. -- 北京：中国林业出版社，2022.10

ISBN 978-7-5219-1963-9

Ⅰ. ①山… Ⅱ. ①李… ②张… Ⅲ. ①森林害虫－山西－图谱 Ⅳ. ①S763.3-64

中国版本图书馆CIP数据核字(2022)第210463号

策划编辑：肖　静
责任编辑：肖　静　刘　煜
封面设计：时代澄宇

出版发行　中国林业出版社
（100009，北京市西城区刘海胡同7号，电话：83223120）
电子邮箱：cfphzbs@163.com
网　　址：www.forestry.gov.cn/lycb. html
印　　刷：北京中科印刷有限公司
版　　次：2022年10月第1版
印　　次：2022年10月第1次印刷
开　　本：710mm×1000mm　1/32
印　　张：8.5
字　　数：161千字
定　　价：60.00元

编辑委员会

前言

关帝林区地处吕梁山脉中段，是山西省面积最大、森林资源最为丰富的省直属国有林区，现有经营总面积27.7万hm^2，活立木蓄积量1504万m^3，森林覆盖率70.9%，其中，林业用地面积26.3万hm^2。关帝林区森林茂密，鸟兽繁多，被誉为华北地区的“天然植物园”“天然动物园”“天然大氧吧”，并以其优美的森林环境、奇特的自然风光、丰富的人文景观、优越的地理位置成为黄土高原上一颗独具特色的绿色明珠。天然林是关帝林区森林资源的主体，面积达14.9万hm^2，占全省天然林的18.1%、省直国有林区的28.9%；蓄积量1372万m^3，占全省的30.1%、省直国有林区的36.7%。这些森林每年可涵养水源2830万t，减少土壤流失186万t，吸收92万t二氧化碳，释放81.4万t氧气。每年产生的森林生态效益总价值达48.6亿元。

关帝林区主体自东北向西南由云顶山、孝文山、真武山、薛公岭等高大山峰连贯的主脊线及其两侧起伏的山峦和纵横的沟壑所构成，全区平均海拔1500m左右。主峰孝文山，海拔2831m，系吕梁山脉最高峰，山西省第二高峰。内有汾河和三川河两大河系源头，在山西生态环境体系中占据重要地位，是省城太原、晋中盆地及汾河走廊的重要生态屏障，对于改善和优化黄河中游生态环境发挥着积极作用。

关帝林区内有害生物年发生面积超过3万hm^2，其中，蛀干的小蠹类害虫、食叶类的蝶蛾类和叶蜂类害虫呈常发态势。各类有害生物的识别是高效防控的前提，可以为有害生物防控提供重要的基础依据。

本图谱由长期从事林业有害生物防治和研究工作的专业人员编写，针对基层林业工作人员的工作实际，按照害虫危害的寄主部位进行归类整理，在昆虫实体图的基础上，提供主要识别特征，力求实用，不光可以为区域性林业害虫识别与防治提供重要参考，还可以供科研单位和学校参考使用。

本书在编写过程中，得到了很多专家学者的大力支持。特别感谢山西省林业和草原有害生物防治检疫总站苗振旺教授级高级工程师（二级）、北京农学院张爱环副教授、山西农业大学果树研究所赵龙龙副研究员提出的宝贵建议和大力支持。

由于水平有限，错误和不足之处在所难免，恳请广大读者对本书提出批评和建议。

编者

目录

第一章　地下害虫

东方蝼蛄

Gryllotalpa orientalis Burmeister, 1839

体长 30.0 ～ 35.0mm。整体近纺锤形，背面红褐色，腹面黄褐色，密生细毛。头小，额部至唇基较强凸起。前胸背板明显宽于头部，长卵形，背面明显隆起且具短绒毛，中央有 1 暗红色长心脏形凹斑。前翅短，后翅长，腹部末端近纺锤形，端域具规则纵脉；后翅纵褶成条，超出腹部末端。腹末具一对细长尾须，约为体长的 1/2。前足为开掘足，腿节内侧外缘较直，缺刻不明显，前足胫节具 4 枚片状趾突，后足胫节脊侧内缘有 3 ～ 4 个刺。

分布：山西、北京、吉林、江苏、江西、辽宁、内蒙古、青海、山东、上海等，除新疆外广泛分布；国外分布于俄罗斯、朝鲜、日本、澳大利亚和东南亚、非洲。

寄主：花卉果木幼苗，以及小麦、玉米、高粱、马铃薯、豆类、烟草、甜菜等农作物。

生活史：东方蝼蛄1年1代或2年1代，为杂食性昆虫。

危害：对针叶树、多种农作物和经济作物幼苗危害甚重。

防治方法：【林业措施】从整地到苗期管理，本着预防为主的原则，深翻土地、适时中耕、清除杂草、改良盐碱地、不施用未腐熟的有机肥等，创造不利于害虫发生的环境条件。【检疫措施】加强对植物的检疫，阻止人为传播、蔓延，保护林业健康发展。【物理防治】可通过蝼蛄趋光性强的特点，利用黑光灯、汞灯、频振诱虫灯和太阳能诱虫灯诱杀，效果较好，能杀死大量的有效虫源，晴朗无风闷热的天气诱集量最多；也可利用人工进行捕杀，用毒饵、马粪鲜草诱杀。【化学防治】应用化学药剂浇灌蛀道来降低虫口基数。【生物防治】在土壤中接种白僵菌，使蝼蛄感染而死，是以菌治虫的重要防治手段。

小云斑鳃金龟

Polyphylla gracilicornis Blanchard, 1871

体长 24.8 ～ 30.1mm。体栗褐色至深褐色，头、前胸背板颜色较深。体背具由披针形白色鳞片形成的斑纹。前胸背板中纵纹常达全长，翅面具有云状白斑。触角 10 节，鳃片部雄虫由 7 节组成，长且弯曲，雌虫 6 节，短小。足呈褐色，前足胫节外缘雄虫仅具 1 枚齿，雌虫 3 枚齿。

分布：山西、北京、陕西、宁夏、青海、甘肃、新疆、内蒙古、河北、河南、四川。

寄主：杨、柳、华山松、油松、云杉、栎、花椒等多种苗木，以及大豆、小麦、马铃薯等农作物。

生活史：小云斑鳃金龟 4 年 1 代，均以幼虫越冬。成虫始发期为 6 月下旬，盛发期为 7 月中下旬，具趋光性。越冬幼虫于每年 4 月上旬上升为害，至 10 月下旬下迁越冬，活动范围为 10 ～ 25cm，越冬深度以 40 ～ 70cm 居多。

危害：成虫不取食，主要是幼虫造成危害，食性杂，危害多种果树、林木及农作物的幼苗和地下部分。在整个生长期取食，常造成毁灭性危害，是苗圃中主要害虫之一。幼虫在土壤中的取食活动范围以 10 ～ 25cm 为主，2 龄幼虫和 3 龄第 1 年幼虫危害苗木严重，持续 12 ～ 13 个月。

防治方法：【林业措施】禁止施未腐熟的厩肥，及时清除杂草和适时灌水、整地；危害高峰期灌水，可溺死部分幼虫，以降低虫口密度，破坏害虫适生环境可减轻危害。【物理防治】利用成虫趋光性强的特点，羽化期用灯光诱杀，在一定程度上降低其危害；利用成虫的假死性，于傍晚振落并捕杀上树的成虫，适当地减少其发生数量。【化学防治】在林间可取 50 ～ 70cm 长的新鲜榆、杨、槐等带叶枝条，将基部泡在 25％噻虫嗪水分散粒剂 1000 倍液 10h 后取出，以 3 ～ 5 枝捆成一把，插入或堆放在林间诱杀，或用有效成分为 1.25mg/L 的 25％吡虫啉可湿性粉剂药液，与 500kg 种子混合搅拌，堆闷 4h，摊开晾晒搅拌来进行防治。【生物防治】保护和利用捕食性天敌及寄生性天敌（如白僵菌、苏云金芽孢杆菌、蛴螬乳酸杆菌乳剂）来进行防治。

大云斑鳃金龟

Polyphylla laticollis Lewis, 1887

体长 26 ～ 45mm。体栗褐色至黑褐色，头、前胸背板色较深。成虫长椭圆形，背部隆起，体背具披针形白色鳞片组成的云状白斑，斑间多零星鳞片。鞘翅有小刻点散布，白色鳞片群集点缀如云斑，其中前胸背板中纵纹仅在前半部明显，外侧常具环形白斑。触角 10 节，雄虫鳃片部由 7 节组成，长大而弯曲，雌虫 6 节，短小。雄虫前足胫节外缘具 2 枚齿，雌虫 3 枚齿。

分布：山西、北京、宁夏、青海、吉林、辽宁、河北、河南、山东、安徽、四川、贵州、云南；国外分布于日本、蒙古、朝鲜。

寄主：苹果、梨、杨、松、榆、柳以及豆、小麦。

生活史：大云斑鳃金龟 3 ～ 4 年完成一个世代。幼虫在 20 ～ 50cm 深土层中越冬。翌年春天，4 月下旬，地温上升到 15℃以上时，幼虫上升至离地面需 15 ～ 25cm 处啃食草、农作物及树木幼根进行为害，幼虫需在地下为害 3 ～ 4 年化蛹羽化出土。5 月中旬老熟幼虫开始化蛹，6 月初羽化为成虫，

6月中旬至7月上旬为羽化盛期。

危害：成虫主要危害苹果、梨等多种树木的幼叶和嫩芽。幼虫蛴螬危害松、榆等多种林木、果树苗、小麦、豆等多种农作物的地下根和茎，常造成很大的危害。初孵后的幼虫取食树木毛细幼根，幼虫变大后可取食较粗的根系，待毛细根被取食完后则危害主根根皮及啃食木质部，老果树树势逐渐衰弱，严重者死亡；此时幼虫多在地表下15～20cm的土层。成虫只在6月上旬至7月中旬夜间危害树木的幼嫩叶片与幼芽。

防治方法：【林业措施】造林前应先适时整地，以降低虫口密度；精耕细作，合理轮作；秋末深耕，增加大云斑鳃金龟的死亡率，秋末大水冬灌可减轻翌春的危害。大云斑鳃金龟喜在腐殖质中生活，施肥时要充分腐熟。【物

理防治】人工挖树盘捡拾挖出的幼虫集中杀死；利用大云斑鳃金龟的假死性和趋光性，进行太阳能黑光灯灯诱，或者在清晨振落树枝上成虫人工捕杀大云斑鳃金龟；也可利用糖醋液诱杀大云斑鳃金龟。【化学防治】应用化学药剂，如使用有效成分为 1.25mg/L 的 25% 吡虫啉可湿性粉剂药液，与 500kg 种子混合搅拌，堆闷 4h，摊开晾晒搅拌来进行防治，或用烟碱类杀虫剂噻虫嗪粉剂拌种，也可取 50 ～ 70cm 长的新鲜榆、杨、槐等带叶枝条，将基部泡在 25% 噻虫嗪水分散粒剂 1000 倍液 10h 后取出，以 3 ～ 5 枝捆成一把，插入或堆放在林间诱杀。【生物防治】充分利用捕食性天敌和寄生性天敌（如步行虫、黑土蜂、白僵菌、苏云金芽孢杆菌和蛴螬乳状杆菌乳剂等）来进行防治。

灰胸突鳃金龟

Hoplosternus incanus Motschulsky, 1853

体长 21 ～ 31mm。体深褐色或栗褐色，体表密被灰黄色或灰白色短细鳞毛。头宽大，其上茸毛向头顶中心趋聚。前胸背板因覆毛色泽差异常呈 5 条纵纹，中内及两侧条纹色较深。前胸背板后缘中段弓形后弯。鞘翅每侧具 3 条明显纵肋。臀板三角形。中胸腹板前突长，达前足基节中间，近端部收缩变尖。腹部第 1 ～ 5 节腹板两侧具黄色三角形毛斑。中足基节间具 1 个明显的小锥形突。雌雄触角明显不同。

分布： 山西、北京、陕西、内蒙古、河北、河南、山东、浙江、江西、湖北、四川、贵州及东北；国外分布于朝鲜、俄罗斯。

寄主： 苹果及多种林木以及小麦、玉米。

生活史： 2 年完成 1 代，以幼虫在 40cm 以下的土壤内越冬。每年 5 月下旬成虫开始羽化出土，盛期为 6 月下旬至 7 月上旬，7 月下旬成虫羽化结束。6 月下旬成虫开始产卵，盛期为 7 月上中旬。

危害： 灰胸突鳃金龟幼虫为害苗木地下根、茎及各种作物的地下部分。成虫为害各种果树和林木的叶片。越冬幼虫翌年 4 月中旬开始在土壤内上升为害，其中以 3 龄前期的幼虫危害最严重。进行化学防治的最佳时期为 4 月中旬。

防治方法：【林业措施】造林前适时整地、秋末深耕均可降低虫口密度。施用充分腐熟肥料，肥料掩埋好，在危害高峰期可灌水溺死部分幼虫。

【物理防治】应及时清除圃地及四周的灌木、杂草和动物粪便，施用的有机肥应充分腐熟，成虫出土盛期，可使用黑光灯诱杀成虫。【化学防治】最佳防治时间为 4 月中旬，幼虫集中在 0 ～ 20cm 土层中活动时，使用化学药剂灌根，可起到一定的防治效果。【生物防治】可采用白僵菌和绿僵菌，起到长期防治的作用。可以多次采用生物防治措施，以达到较好的防治效果。

华北大黑鳃金龟

Holotrichia oblita (Faldermann, 1835)

成虫长椭圆形，体长 17 ～ 22mm，黑色或黑褐色有光泽。胸、腹部有黄色长毛。唇基短阔，前缘、侧缘向上弯曲，前缘中凹明显。前胸背板宽为长的两倍，前缘钝角、后缘角几乎成直角。小盾片近似半圆形。每鞘翅 3 条隆线，鞘翅密布刻点。前腹板中间具明显的三角形凹坑。前足胫节外侧 3 齿。雄虫末节腹面中央凹陷、雌虫隆起。

分布：山西、北京、天津、甘肃、广东、贵州、河北、河南、江苏、江西、陕西、宁夏、内蒙古、辽宁、山东、安徽、浙江；国外分布于日本、朝鲜、俄罗斯。

寄主：杨、柳、榆、槐、花椒、核桃、柿、沙棘、山楂、苹果、桑等。

生活史：2 年 1 代，以成虫或幼虫越冬。越冬成虫 4 月中旬左右出土活动，5 月下旬至 8 月中旬产卵，6 月中旬幼虫陆续孵化，为害至 12 月以第 2 龄或第 3 龄越冬；翌年 4 月越冬幼虫继续发育为害，7 月初羽化为成虫后即在土中越冬，直至第三年春天才出土活动。

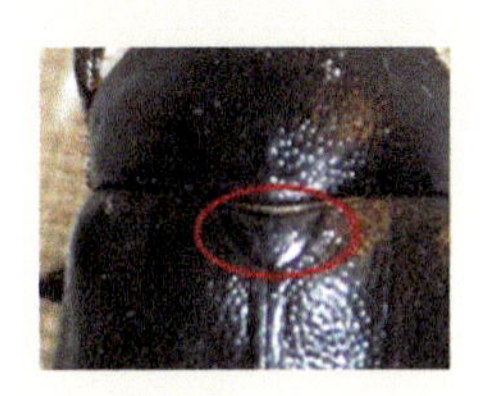

危害： 成虫取食杨、柳、榆、桑、核桃、苹果、刺槐、栎等多种林木叶片，幼虫危害阔叶树、针叶树根及幼苗。

防治方法：【林业措施】在有水源地方，通过灌水来降低幼虫危害。【物理防治】利用趋光性，使用黑光灯进行诱杀。【化学防治】在播种前将药剂均匀喷撒地面，然后翻耕将药剂与土壤混匀；利用化学杀虫剂拌种可防治蛴螬。【生物防治】保护利用天敌白毛长腹土蜂、金龟长喙寄蝇。

小黄鳃金龟

Pseudosymmachia flavescens (Brenske, 1892)

体长 10 ~ 13mm。全体黄褐色，被匀短密毛。头部黑褐色，前胸背板栗黄色，鞘翅浅黄褐色。头部较大，唇基前缘中凹，密布粗大毛刻点，复眼黑色，单眼 3 个。触角 9 节，鳃片部 3 节，较短小。前胸背板有粗大刻点，小盾片三角形。胸、腹及腿有细长毛。臀板圆三角形。前足胫节外缘 3 齿形，末跗节 3 爪、圆弯。

分布：山西、北京、河北、河南、山东、江苏、浙江、陕西；国外分布于朝鲜。

寄主：山楂、油松、榆树、梨、核桃、苹果、丁香、金银木。

生活史：1 年发生 1 代，以 3 龄幼虫在地下越冬，翌年 4 月下旬至 5 月下旬羽化出土。

危害：幼虫危害果树根部皮层，被害苗木由于得不到养分供应，导致植株衰弱，严重者枯萎死亡；成虫主要取食成熟叶片。

防治方法：【物理防治】在 5 月上中旬成虫大量羽化

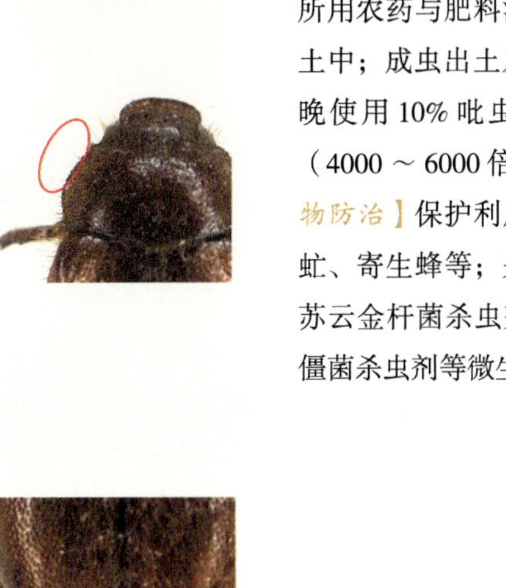

出土后，待成虫夜间取食树叶时，在树下设置虫网，人工振动，利用假死性，收集捕杀；或直接人工捕捉叶背处的成虫。【化学防治】对于幼虫防治，可在春秋季深翻土壤时，先将5%辛硫磷颗粒剂均匀撒施或喷于地面，然后深翻入土中；施肥时，也可将所用农药与肥料混合拌匀，施入土中；成虫出土及盛发期，在傍晚使用10%吡虫啉可湿性粉剂（4000～6000倍液）喷雾。【生物防治】保护利用天敌，如食虫虻、寄生蜂等；另外，还可增施苏云金杆菌杀虫剂、白僵菌、绿僵菌杀虫剂等微生物源农药。

黑绒金龟

Maladera orientalis (Motschulsky, 1857)

体长 7 ～ 10mm。体呈赤褐色、黑褐色或者黑色，体表具丝绒般的黑褐色短毛。触角基膜上方每侧有棕红色单眼。臀节覆毛区的刺毛列呈单列横弧状，由 16 ～ 22 根左右锥状直扁刺毛组成，中间断开。前、中足爪较细长，后足爪极短小。后爪均有刺毛两根。

分布： 山西各地均有分布，广泛分布于全国。

寄主： 牡丹、芍药、梅花、菊花、月季、榆、苦楝、花梨木、苹果、梨、桃、枣、落叶松、小叶杨、旱柳、大黄柳等。

生活史： 1 年发生 1 代，以成虫越冬。

危害： 幼虫危害幼苗的根部；成虫危害各种针阔叶树种幼树和苗木的叶片和芽，还危害苹果、梨等果树的花器。

防治方法： 【物理防治】在成虫发生期于傍晚振落捕杀；或设置黑光灯诱杀。【化学防治】苗圃内，在下午 3 时左右成虫出现盛期，插蘸有化学杀虫剂的榆、柳枝条，诱杀成虫；成虫发生前在树下撒化学杀虫剂的颗粒，施后耙松表土；成虫发生量大时，树上喷施化学杀虫剂进行防治。

白星花金龟

Protaetia brevitarsis (Lewis, 1879)

体长 18 ～ 22mm。体色多为古铜色或黑紫铜色，有光泽。前胸背板、鞘翅和臀板上有白色绒状斑纹。唇基前缘上卷，中央直或略微内凹。前胸背板上通常有 2 ～ 3 对或排列不规则的白色绒斑，有的边缘为白色绒带；后缘中部凹陷。小盾片小三角形。鞘翅宽大近方形，遍布粗大刻点，有的白斑为横向波浪形；两侧缘前端内凹。足粗壮，前足胫节外缘 3 齿。

分布：山西各地均有分布，广泛分布于全国。

寄主：山楂、花椒、杨、榆、栎、葡萄、苹果、梨、杏等，以及玉米等农作物。

生活史：1 年 1 代，以幼虫在土中越冬。成虫 5 月份出现，7 ～ 8 月为发生盛期。

危害：成虫主要取食农作物的花器或果实，吸取榆、栎类多种树木伤口处的汁液。

防治方法：【林业措施】对于发生严重地方在深秋或初冬翻耕土地，使其暴露被冻死、风干或被天敌捕食、寄生

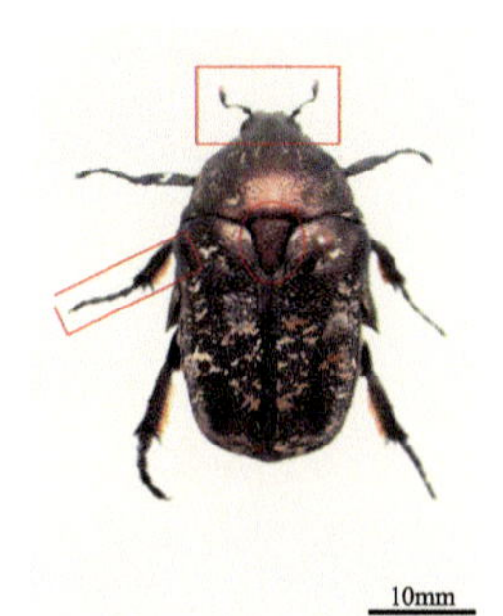

等。避免施用未腐熟的厩肥。【物理防治】利用成虫的趋化性进行糖醋液诱杀；成虫具有假死性，在成虫发生盛期，清晨温度较低时振落捕杀。【化学防治】在成虫发生期喷施化学杀虫剂灭杀。幼虫若危害重，可使用化学杀虫剂浇灌灭除。

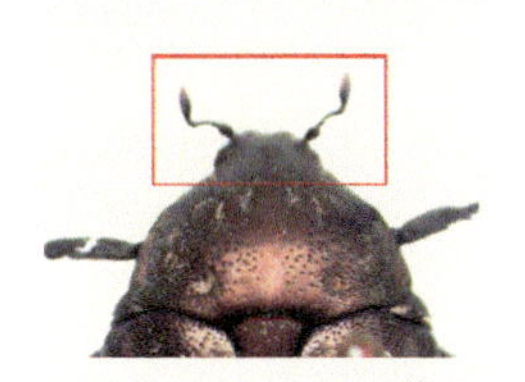

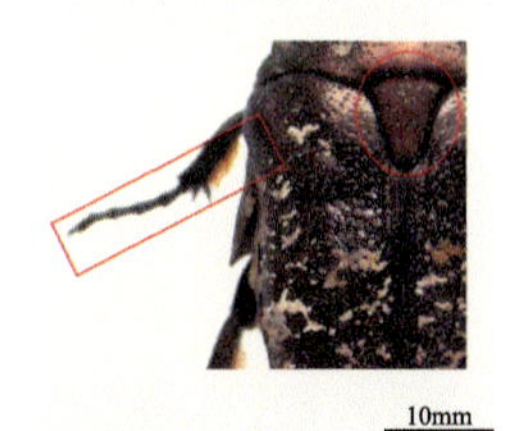

漆黑异丽金龟

Anomala ebenina Fairmaire, 1886

体长12～15.0mm。体色黑，椭圆形，具漆光，鞘翅中部具波曲状黄褐色横斑，有时胸背板两侧具黄褐色斑。唇基横条形，前缘稍弯突，头面密布粗浅刻点。触角9节，鳃片部长于前5节之和。前胸背板布细密刻点，侧缘前段弧形外扩，最阔点前于中央；侧缘后端近基部微向内弧凹。腹面和足通常黑色，有时具黄褐斑。鞘翅平滑，背面具2条纵肋，缘折基部向侧敞阔，臀板钝阔三角形，密布同心圆排列成细密刻纹，两侧上方具1对小凹。腹部腹面疏布横细刻纹，第2～5腹板侧端各具1个黄褐色斑。前足胫节外缘2齿。

分布：山西、天津、贵州、河南、湖北、湖南、陕西、四川；国外分布于瑞典、法国。

寄主：苹果、梨、桃、杏、李、山楂、柿、杨，以及玉米、花生、马铃薯、高粱、红薯等农作物。

生活史：1年1代，以幼虫在土中越冬。5月下旬至6月中下旬化蛹，7～8月是成虫发生期，7月上中旬是产卵期，

7～9月是幼虫危害期，10月陆续进入越冬。

危害：幼虫危害林木幼苗根部。

防治方法：【林业措施】造林前适时整地、秋末深耕均可降低虫口密度，在危害高峰期可灌水溺死部分幼虫。【物理防治】及时清除圃地及四周的灌木、杂草和动物粪便，施用的有机肥要充分腐熟，成虫盛期，可人工捕捉杀灭成虫。【化学防治】幼虫期，使用化学药剂灌根，可起到一定的防治效果。

铜绿异丽金龟

Anomala corpulenta Motschulsky, 1853

体长 16 ～ 22.0mm。中型甲虫，背面铜绿色具光泽，腹面黄褐色。唇基前缘、前胸背板两侧呈淡褐色条斑。头部具皱密刻点，唇基短阔梯形，前缘上卷。触角 9 节，鳃片部 3 节。前胸背板宽大，前缘凹入，侧缘略呈弧形，最阔点在中点前，前侧角前伸尖锐，后侧角钝角形。小盾片近半圆形。鞘翅密布刻点，背面具 2 条清楚的纵肋纹。足黄褐色，前足胫节外缘 2 齿，内侧 1 棘刺，前、中足大爪端部分叉，后足大爪不分叉。臀板黄褐色，常具 1 ～ 3 个形状不一的铜绿或古铜色斑。

分布：除西藏、新疆外遍布全国各地；国外分布于朝鲜、蒙古。

寄主：苹果、梨、桃、杏、李、山楂、柿、杨、刺槐、核桃、海棠、葡萄，以及玉米、高粱、小麦、大豆、瓜类、甜菜、花生、棉花、马铃薯、芋、甘薯等农作物。

生活史：1 年 1 代，以 3 龄或少数以 2 龄幼虫在土中越冬。翌年 4 月，越冬幼虫开始在表土为害，5 月下旬至 6 月上旬化蛹，6～7月为成虫活动期、9月上旬停止活动；成虫高峰期开始见卵，7～8月为幼虫活动高峰期，10～11月进入越冬期。

危害：幼虫取食苗木幼根，多在凌晨和黄昏由土壤深层上升至表层咬食植物根系，使被害苗木根茎弯曲、叶枯黄、甚至枯死；春秋两季为危害盛期。成虫食性杂，食量大，群居取食树木树叶危害。

防治方法：【林业措施】及时清除林间杂草，圃地周围或苗木行间带状栽植蓖麻诱食毒杀；秋末可进行冬灌或危害高峰期灌水，可溺死部分幼虫；冬季翻耕可将越冬虫体翻至土表冻死。【物理防治】人工振落捕杀大量的成虫；依据其成虫具有趋光性，进行灯光诱杀，或利用未交配的雌活体诱杀。【化学防治】在幼虫活动高峰期，可于地面施用25%对硫磷胶囊剂0.3～0.4kg/亩*加土适量做成毒土，均匀撒

* 1亩=1/15hm^2。以下同。

于地面并浅耙，或 5% 辛硫磷颗粒剂 2.5kg/ 亩做成毒土均匀撒于地面后立即浅耙以免光解并能提高防效，或 1.5% 对硫磷粉剂 2.5kg/ 亩也有明显效果；也可用药剂拌种，此法简易有效可保护种子和幼苗免遭地下害虫的危害，常规农药有 25% 对硫磷或辛硫磷微胶囊剂 0.5kg 拌 250kg 种子，或 50% 辛硫磷乳油 0.5kg 加水 25kg 拌种 400 ～ 500kg 均有良好的保苗防虫效果。【生物防治】应用金毛长腹土蜂、白毛长腹土蜂、白僵菌、苏云金芽孢杆菌进行生物防治。

中华弧丽金龟

Popillia quadriguttata (Fabricius, 1787)

成虫体长 7.5 ～ 12mm，宽 4.5 ～ 6.5mm。椭圆形，翅基宽，前后收狭。体色多为深铜绿色，鞘翅浅褐至草黄色。四周深褐至墨绿色，足黑褐色。臀板基部具白色毛斑 2 个，腹部第 1 ～ 5 节腹板两侧各具白色毛斑 1 个，由密细毛组成。头小点刻密布其上，触角 9 节鳃叶状，棒状部由 3 节构成。雄虫大于雌虫。前胸背板具强闪光且明显隆凸，中间有光滑的窄纵凹线。小盾片三角形，前方呈弧状凹陷。鞘翅宽短略扁平，后方窄缩，肩凸发达，背面具近平行的刻点纵沟 6 条，沟间有 5 条纵肋。足短粗，前足胫节外缘具 2 齿，端齿大而钝，内方距位于第 2 齿基部对面的下方。爪成双，不对称，前足、中足内爪大，分叉，后足则外爪大，不分叉。卵椭圆形至球形，长径 1.46mm，短径 0.95mm，初产乳白色。幼虫体长 15mm，头宽约 3mm，头赤褐色，体乳白色。头部前顶刚毛，每侧 5 ～ 6 根成 1 纵列；后顶刚毛每侧 6 根，其中 5 根成 1 斜列。肛背片后部具心圆形臀板，肛腹片后部覆毛区中间刺毛列呈“八”字形岔开，每侧由5～8根（多为6～7根）锥状刺毛组成。蛹长9～13mm，宽5～6mm，唇基长方形，雌雄触角靴状。

分布：山西、黑龙江、吉林、辽宁、内蒙古、青海、宁夏、甘肃、河北、北京、陕西、山东、河南、江苏、安徽、浙江、上海、湖北、湖南、江西、福建、广东、广西、四川、云南、贵州、台湾；国外分布于朝鲜、越南、俄罗斯。

寄主：苹果、梨、杏、桃、山楂、花椒、梅、榆、杨、柏、紫穗槐、葡萄等树木，以及稻、麦、麻、谷子、玉米、花生、马铃薯、高粱、红薯、向日葵、胡萝卜花、苜蓿、牧草等农作物。

生活史：1年1代，以幼虫越冬。翌年春季移至土表，危害小麦、玉米、花生等农作物的地下部分，6月上中旬，越冬幼虫老熟，在土中做土室化蛹。6月下旬，成虫出土活动，取食玉米、豆类等作物的叶片和棉花花蕊。成虫寿命26天。7月中下旬为交尾产卵盛期，单雌产卵50粒左右，多喜在前

茬大豆、花生的地块产卵。成虫白天活动，弱趋光，有假死性，受惊后立刻收足坠落。6 ～ 7 月可采到成虫。

危害： 幼虫危害苗木幼苗和农作物及牧草根部。

防治方法：【物理防治】成虫期，利用假死性，在树下设置虫网，人工震动，收集捕杀。【化学防治】施肥时，也可将所用农药与肥料混合拌匀，施入土中；在防治幼虫时，可在春秋深翻土壤前，先将 5% 辛硫磷颗粒剂均匀撒施或喷于地面，然后深翻入土中。

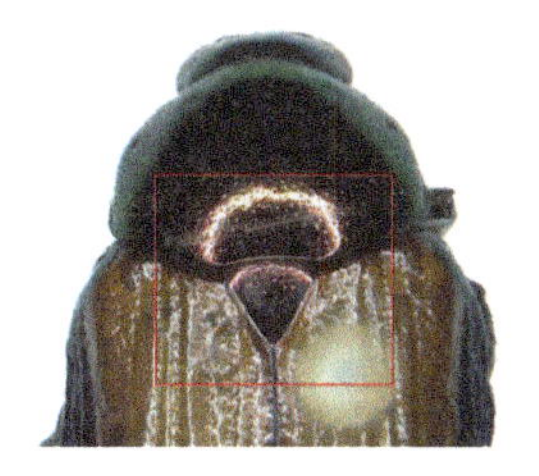

小青花金龟

Gametis jucunda (Faldermann, 1835)

体长 12 ～ 15mm，暗绿色，常有青、紫等色闪光。头较长，前胸背板和鞘翅密生许多黄色绒毛，无光泽。鞘翅上有深浅不一的半椭圆条刻，并有黄白色斑纹。腹部两侧各有 6 个黄白色斑纹。臀板横列 4 个白斑。足皆为黑褐色。

分布：除新疆外，全国广泛分布；国外分布于日本、朝鲜、俄罗斯、蒙古、印度、孟加拉国、尼泊尔及北美洲等。

寄主：月季、梅、蔷薇、玫瑰、菊花、丁香、珍珠梅、杨、柳、榆、山楂、桃、松、美人蕉、大丽花、萱草、木芙蓉等。

生活史：1 年发生 1 代，在华北以成虫在土中越冬，翌年 4 ～ 5 月出土活动。在晴天无风和气温较高的上午 10 时至下午 4 时是交尾盛期；日落后飞回土中潜伏、产卵，成虫喜在腐殖质多的土壤和枯枝落叶层下产卵。6 ～ 7 月始见幼虫，9 月后成虫绝迹。

危害：成虫取食苹果、梨、桃、杏、葡萄等果树及其他多种植物的芽、花蕾、花瓣及嫩叶，或访花，吸花蜜或花粉。

防治方法：【林业措施】可利用成虫的假死性，成虫

期人工振落捕杀成虫。加强水肥管理，勿施未腐熟的有机肥，适时灌水，淹杀幼虫。冬季翻耕将越冬的虫体翻至土表冻死。【化学防治】用50%辛硫磷颗粒剂，掺细土200倍，或5%氯丹粉剂掺细土40～50倍，撒于地面，或翻入地下；用75%辛硫磷、25%乙酰甲胺磷、50%磷胺等1000～1500倍打洞淋灌花木根部，防治幼虫。也可用药剂喷洒地面以杀死成虫。【生物防治】保护绿地中的步甲、刺猬、杜鹃、喜鹊、寄生蜂等天敌；喷施白僵菌、乳状菌等生物药剂防治成虫；对土中的幼虫可用昆虫病原线虫防治。

大地老虎

Agrotis tokionis Butler,1881

体长 20.0 ～ 22.0mm，翅展 45.0 ～ 48.0mm。头部及胸部褐色。下唇须第 2 节外侧具黑斑。颈板中部具 1 条黑横线。前翅灰褐色，外线以内的前缘区及中室暗褐色；基线双线褐色止于亚中褶，内线双线黑色波浪形，剑纹窄小，肾纹外侧具 1 条黑斑近达外线，亚端线淡褐色锯齿形，外侧暗褐色，端线为 1 列黑点。

分布：国内广泛分布；国外主要分布于俄罗斯、朝鲜、日本。

寄主：多种林木幼苗，以及棉、玉米、高粱、烟草等作物。

生活史：1 年 1 代，以幼虫在土中越冬。越冬幼虫于 4 月中下旬陆续开始危害；5 ～ 6 月以老熟幼虫进行夏眠，夏眠结束后在土壤内筑椭圆形蛹室化蛹。始蛾期一般在 9 月至 10 月上旬，10 月中旬进入发蛾高峰期，成虫发生期长，约 1 个月。10 月中旬末为产卵高峰期，11 月上旬为孵卵高峰，以低龄幼虫越冬。

危害：主要危害各种幼苗，造成缺苗断垄甚至毁种。

防治方法：【林业措施】早春清除苗圃及周围杂草，防止地老虎成虫产卵是关键一环；如已被产卵，并发现 1 ～ 2 龄幼虫，则应先喷农药后除草，以免个别幼虫入土隐蔽；清除的杂草要远离苗圃，沤粪处理。【物理防治】黑光灯、糖醋液诱杀成虫，毒饵、堆草诱杀幼虫；或人工捕捉幼虫。【化学防治】诱饵拌入药剂毒杀；地老虎 1 ～ 3 龄幼虫期抗药性差，且暴露在寄主植物或地面上，是药剂防治的适期，可喷洒 40.7% 毒死蜱乳油每亩 90 ～ 120g 对水 50 ～ 60kg 或 2.5% 溴氰菊酯、20% 菊・马乳油 3000 倍液、10% 溴・马乳油 2000 倍液、90% 敌百虫 800 倍液或 50% 辛硫磷 800 倍液；此外，也可选用 3% 米乐尔颗粒剂，每亩 2 ～ 5kg 处理土壤。

小地老虎

Agrotis ipsilon (Hufnagel, 1766)

体长20.0～23.0mm，翅展46.0～50.0mm。头、胸部背面暗褐色。前翅褐色，前缘区黑褐色；内线黑色，黑色环纹内具1个圆灰斑，肾状纹黑色具黑边，其外中部具1条楔形黑纹伸至外横线，亚外缘线与外横线间在各脉上具小黑点。后翅灰白色，纵脉及缘线褐色。足褐色，中、后足各节末端具灰褐色环纹。

分布： 全国广泛分布，世界广布。

寄主： 多种林木幼苗；棉花、玉米、小麦、高粱、烟草、马铃薯、麻、豆类等作物。

生活史： 一般1年发生2～3代，通常在3月下旬出现，4月上中旬为迁飞高峰期，5月中下旬危害最严重。

危害： 小地老虎是玉米苗期的主要害虫，幼虫一般为6龄，1～2龄群集于玉米幼苗心叶处取食，将幼嫩组织吃成缺刻，3龄后分散为害，食量加大，白天潜伏于杂草或幼苗根部附近的表土干湿层之间，夜间出来咬断幼苗茎基部造成缺苗断垄，以黎明前露水未干时活动最频繁，常把咬断的幼

苗嫩茎拖入土穴内供食。

防治方法：【物理防治】消灭虫卵以及清理幼虫栖息的场所；利用趋光性和趋化性进行黑光灯和糖浆诱杀；或把烂山药、醋酵子、粉渣进行发酵诱杀成虫；利用杨树枝把也有一定诱杀效果。诱杀成虫，结合黏虫用糖、醋、酒诱杀液（诱剂配方是糖：酒：醋：水 = 6 ：1 ：3 ：10，加少量 90% 晶体敌百虫或 50% 二嗪磷 1 份调匀）或甘薯、胡萝卜、烂水果等发酵液，在成虫发生期进行诱杀。诱捕幼虫，采用泡桐叶诱杀法，小地老虎幼虫对泡桐树叶具有趋性，可取较老的泡桐树叶，用清水浸湿后，于傍晚放在田间，放 80 ～ 120 片 / 亩，第二天一早掀开树叶，捉拿幼虫，效果较好；如果将泡桐树叶先放入 90% 晶体敌百虫 150 倍液中浸透，再放到田间，可将地老虎幼虫直接杀死，药效可持续 7 天左右。

【化学防治】化防时期的选择是关键，多种化学杀虫剂均可。对不同龄期的幼虫，应采用不同的施药方法；幼虫 3 龄前抗药性差，且暴露在植物或地表面上，是喷药防治的适期，用喷雾、喷粉或撒毒土的方法进行防治；幼虫 3 龄后，田间出现断苗，可用毒饵或毒草诱杀，效果较好。

黄地老虎

Agrotis segetum (Denis et Schiffermüller, 1775)

体长 14.0 ~ 19.0mm，翅展 32.0 ~ 43.0mm。雄成虫全体黄褐色，前翅灰褐色，亚基线及内、中、外横纹不明显；肾形纹、环形纹和楔形纹均明显，各围以黑褐色边；翅外缘具有 1 列三角形黑点。后翅白色半透明，前后缘及端区微褐，翅脉褐色。雌性色较暗，前翅斑纹不明显。

分布：山西、陕西、天津、甘肃、河北、黑龙江、辽宁、内蒙古、青海、山东、新疆；国外主要分布于朝鲜、日本、印度及欧洲、非洲等。

寄主：栎、山杨、云杉、松、柏等树苗，以及棉花、玉米、小麦、高粱、烟草、甜菜等多种农作物。

生活史：在河南、河北地区，此虫 1 年发生 2 ~ 3 代，以蛹及老熟幼虫在土中约 10cm 深处越冬。此虫的生活习性与小地老虎相似。每头雌蛾可产卵 300 ~ 600 粒。产卵量也与补充营养的状况有关。产卵期 3 ~ 4 天。喜在土质疏松、植株稀少处产卵。一般一个叶片 3 ~ 4 粒，最多可达 30 余粒。卵通常产在叶背面，也有少数产在叶正面，或嫩尖及幼茎上。

成虫有趋光性，对糖醋液趋性强。初孵幼虫有食卵壳习性，常食去一半以上的卵壳。此虫危害区主要在干旱地区，但过分干旱的地块发生较少。在春播期，早灌水、早播种和晚灌水、晚播种的危害较轻。灌水期与成虫盛发期一致的危害重。

危害： 1 龄幼虫一般咬食叶肉，留下表皮，也可聚于嫩尖咬食。2 龄幼虫咬食叶肉，也可咬断嫩尖，造成断头。3 龄幼虫常咬断嫩茎。4 龄以上幼虫在近地面处将幼茎咬断。6 龄幼虫一晚

可危害 1 ～ 3 株幼苗，多的可到 4 ～ 5 株。茎干较硬化时，仍可在近地面处将茎干啃食成环状，使整株萎蔫而死。

防治方法：【物理防治】在成虫发生期用糖醋液诱杀成虫，配方为糖 6 份、醋 3 份、白酒 1 份、水 10 份、90% 敌百虫 1 份调匀，在成虫发生期设置，具有较好的诱杀效果。某些发酵变酸的食物如胡萝卜、烂水果等加入适量药剂，也可诱杀成虫。【化学防治】3 龄盛发前喷雾，可选用 50% 辛硫磷乳油 800 倍液、90% 敌百虫 800 倍液喷雾。【生物防治】保护鸦、雀、蟾蜍、鼬鼠、步甲、寄生蝇、寄生蜂等天敌或利用细菌、真菌等微生物控制黄地老虎的虫口密度。

大灰象甲

Sympiezomias velatus (Chevrolat, 1845)

成虫体长 9 ～ 12mm，灰黄色或灰黑色，密被灰白色鳞片。头部和喙密被金黄色发光鳞片，触角索节 7 节，复眼大而凸出，前胸两侧略凸，中沟细，中纹明显。近卵圆形，具不规则云斑，每鞘翅上各有 10 条纵沟。雌虫腹面最后一节有 2 个灰白色的斑点，雄虫有黑白相间的横带。

分布：山西、北京、天津、河北、河南、黑龙江、湖北、吉林、辽宁、内蒙古、山东、陕西、安徽。

寄主：蔷薇科果树、柑橘、核桃、栗、榆、杨、落叶松、桑、柳、紫穗槐、刺槐、楸叶泡桐等。

生活史：1 年发生 1 代，以成虫在土中越冬。

危害：幼虫危害根系，成虫危害芽和幼叶，尤其是新栽幼树和新嫁接的接穗。

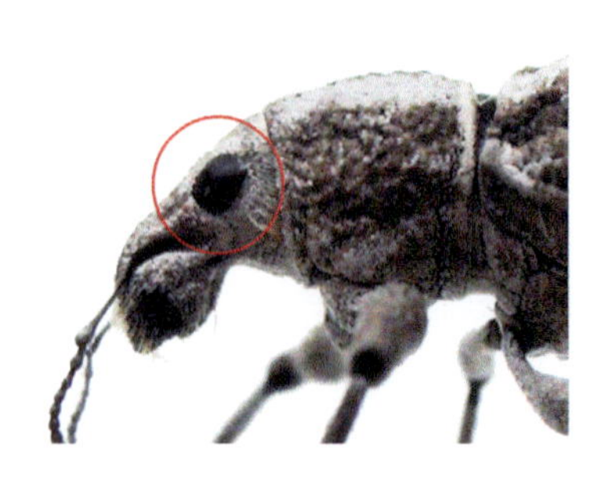

防治方法：【物理防治】利用成虫假

死性进行人工捕杀；苗圃周围种植蓖麻诱来取食，集中销毁。苗干涂黏虫胶灭杀成虫，阻止成虫上苗木危害。【化学防治】药剂拌种或利用土农药蓖麻喷雾都可有效降低其危害；成虫盛发期用50% 乙硫磷乳剂 1000 倍液喷雾。

第二章　枝梢害虫

斑衣蜡蝉

Lycorma delicatula (White, 1845)

体长 15.0 ～ 25.0mm，翅展 40.0 ～ 50.0mm。全身灰褐色。头角向上卷起，呈短角突起。前翅革质，基部约 2/3 淡褐色，翅面具 20 个左右的黑点，端部深褐色；后翅膜质，基部鲜红色，具黑点，端部黑色。体翅表面覆有白色蜡粉。低龄若虫体黑色，具有多个小白点。大龄若虫身体通红，体背具黑色和白色斑纹。

分布：全国广泛分布。

寄主：臭椿、香椿、刺槐、苦楝、楸、榆、梧桐、二球悬铃木、林女贞、合欢、杨、化香树、珍珠梅、杏、李、桃、西府海棠、樱花、葡萄，以及大豆等农作物。

生活史：1 年发生 1 代，喜炎热干燥的气候条件。以卵在树干或树皮缝隙越冬。翌年 4 月底陆续开始孵化，5 月为盛孵期，幼虫经过 4 次的蜕皮过程，6 月左右陆续羽化为成虫，直到 7 月全部羽化为成虫，8 月开始交尾、产卵。

危害：以成虫、若虫群集在叶背、嫩梢上刺吸为害，

栖息时头翘起，有时甚至数只排列成直线为害，进而引起被害植株发生煤污病或嫩梢萎缩、畸形等，严重影响植株的正常生长和发育。危害珍珠梅、海棠、桃、葡萄等，尤其对臭椿危害最严重。

防治方法：【林业措施】在危害严重的纯林内，应改种其他树种或营造混交林。剪除虫害枝梢，刮除主侧枝的老翘皮，集中焚烧，堵树洞消灭卵块。【物理防治】在冬季刮除树干上的卵块，结合修剪剪去产卵枝，集中烧毁，以减少虫源，此方法既经济又彻底。【化学防治】若、成虫发生期，可选喷50%辛硫磷乳油2000倍液进行化学防治，1.8%阿维菌素乳油4000倍液、10%吡虫啉可湿性粉剂500倍液、3%啶虫脒乳油1500倍液、20%甲氰菊酯、10%氯氰菊酯、5%高效氯氰菊酯乳油1500倍液轮换使用，避免产生抗药性。【生物防治】保护利用若虫的寄生蜂等天敌，降低斑衣蜡蝉的危害。

梨木虱

Cacopsylla chinensis（Yang et Li, 1981）

成虫分冬型和夏型，冬型体长 2.7 ～ 3.1mm。体褐色至暗褐色，具黑褐色斑纹，翅半透明状。夏型成虫体略小，2.3 ～ 2.9mm。黄绿色，翅透明，翅脉清晰。盾片上有黄褐色纵带，胸背有 4 条黄色纵条纹，复眼红色。触角丝状，10 节；第 3 ～ 8 节端部黑色；第 9 ～ 10 节全黑色。

分布：山西，广布于东北、华北和西北。国外分布于日本。

寄主：梨树。

生活史：在山西地区 1 年发生 3 ～ 4 代。以成虫在落叶、杂草、土缝、树皮缝隙、树干等位置越冬。4 月上中旬为卵孵化盛期，11 月中下旬成虫开始越冬。据梨木虱的卵孵化时间需要 10 天左右，可以推断出第一代梨木虱若虫孵化的高峰期。

危害：以幼、若虫刺吸芽、叶、嫩枝梢汁液直接危害，梨木虱成虫不危害，只产卵，产卵后迅速死亡。若虫分泌黏液，招致杂菌，使叶片造成间接危害、出现褐斑而造成早期落叶，同时污染果实，严重影响梨的产量和品质。

防治方法：【林业措施】采取清除树周围枯枝落叶杂草、刮除老树皮、翻树盘、秋末灌冻水等措施，破坏梨木虱越冬场所，可减少越冬成虫基数。【物理防治】挂黄色粘虫板对梨木虱越冬代成虫起到较好的诱杀作用。【化学防治】在3月中旬越冬成虫出蛰盛期喷洒农药，控制出蛰成虫基数，间隔7～10天再喷1次。根据中国梨木虱第1代若虫孵化较整齐的特性，重防第1代若虫，将50%啶虫脒水分散粒剂3000倍液和10%吡虫啉可湿性粉剂1000倍液混合施用，间隔7～10天再喷1次，以后每代交替用药，每一时期施药，连喷 2 次，间隔 7 天，可基本控制危害。【生物防治】可保护利用天敌进行生物防治，梨木虱的天敌有花蝽、草蛉、瓢虫、寄生蜂等，田间以寄生蜂表现最好。

大青叶蝉

Cicadella viridis (Linnaeus, 1758)

体长 7 ~ 10mm。头橙黄色，顶部有 2 个黑斑，呈多边形。前胸背板仅胸前缘的颜色为黄绿色，剩余部分都为深绿色。小盾片淡黄绿色，中间横刻痕较短，不伸达边缘。前翅呈绿色，端部透明，翅脉为青黄色，具有狭窄的淡黑色边缘。后翅及腹背面呈蓝黑色，胸、腹部腹面及足为橙黄色。

分布：分布于全国各地；全球广泛分布。

寄主：杨、柳、白蜡、刺槐、苹果、桃、梨、桧柏、梧桐、扁柏，以及谷子、玉米、水稻、大豆、马铃薯等农作物。

生活史：大青叶蝉 1 年发生 3 代。以卵在树干、枝条皮下越冬。第二年 4 月下旬卵开始孵化，孵化后的若虫 1 小时后开始取食，有群集取食习性。第一代成虫盛发期在 5 月下旬至 6 月上旬，此代成虫和若虫主要危害蔬菜、杂草等。第 2 代成虫盛发期在 7 月下旬至 8 月上旬，这一代成虫和若虫多危害小麦、玉米、豆类、高粱等农作物。第 3 代成虫盛发期在 10 月，10 月上旬开始迁移至果树上产卵，10 月下旬为产卵高峰期。

危害：大青叶蝉成虫和若虫的主要危害方式是刺吸寄主植物枝梢、茎叶的汁液，造成褪色、畸形、卷缩，甚至全叶枯死。在树上主要是以成虫产卵的方式为害，尾部产卵器将植物枝条表皮刺破，形成月牙形的伤口，当虫口密度大时，枝条遍体鳞伤，易导致寄主植物抽条，甚至幼树死亡；即使虫口密度小，受害的强壮枝条第二年长势也很差。

防治方法：【林业措施】在冬季修枝时剪伐虫枝，使越冬卵基数减少；在夏季，成虫羽化期的盛期，进行人工捕捉；在秋季，大青叶蝉产卵前，把杂草清除干净，达到消灭大青叶蝉的目的。【物理防治】利用大青叶蝉成虫趋光性的特点，使用黑光灯对成虫进行诱杀；在秋季大青叶蝉产卵前，在枝干上喷刷涂白剂干预产卵。【化学防治】在大青叶蝉成虫产卵前，可喷洒 10% 吡虫啉可湿性粉剂 1000 倍液进行化学防治，在喷药时，对树上、树下，行间、

地面的杂草均要喷药。【生物防治】充分发挥自然天敌的制衡作用，保护天敌以控制危害。

落叶松球蚜

Adelges laricis Vallot, 1836

春季危害云杉生长芽形成虫瘿，若虫便潜藏在其中生存，1 龄若虫颜色主要呈现为淡黄色，2 龄有蜡质的粉状分泌物附着于体表，颜色不断加深。转主寄生的落叶松球蚜最主要的特点是第 1 寄主为云杉，第 2 寄主为落叶松。性蚜将卵产出之后，孵化形成很多干母若蚜，进入 9 月之后，在云杉上进行越冬，翌年 5 月进入活动期，产卵寄生形成虫瘿，对云杉的新生芽针叶与枝干等有着非常严重的危害。

分布：山西、黑龙江、吉林、辽宁、内蒙古、陕西、青海、河北、北京、新疆、山东、四川、云南；国外分布于日本、朝鲜、俄罗斯及欧洲、北美洲。

寄主：常寄生在云杉、冷杉、红杉、紫果云杉、落叶松、杨树、柳树等。

生活史：完成一个完整的生活史需要 2 年，无翅孤雌蚜一年可完成多代。

危害：落叶松球蚜对新芽、枝干、针叶造成危害，导

致大部分树木生长速度缓慢，严重影响树木的正常生长；在暴发期，会引发大范围的树木枝叶萎缩、变黄乃至掉落，甚至枯萎死亡，威胁着林木的生长发育。

防治方法：【林业措施】避免落叶松和云杉营造混交林，及时清理受伤树木，做好林木抚育工作。【物理防治】6～7月，在虫瘿未产生断裂之前，可以人工将虫瘿剪除，并集中处理，避免造成再次传播。【化学防治】每年4～5月，云杉开始抽发新芽，向树冠喷杀虫剂 2 ～ 3 次，如 10%吡虫啉乳油或可湿性粉剂 1000 倍液、3%啶虫脒乳油 1500 倍液、25%噻虫嗪水分散粒剂 3000 倍液等，每隔 7 ～ 10 天喷洒 1 次，注意要喷洒均匀、彻底，平均杀虫率可达 80% 以上，而且还不会让害虫产生交互抗性。也可以利用烟剂防治。【生物防治】将寄生性和捕食性昆虫投放到林区，可以有效抑制害虫的数量，如草蛉、瓢甲以及食蚜蝇等是主要的捕食性昆虫，寄生蜂等寄生性昆虫也可产生一定的效果。

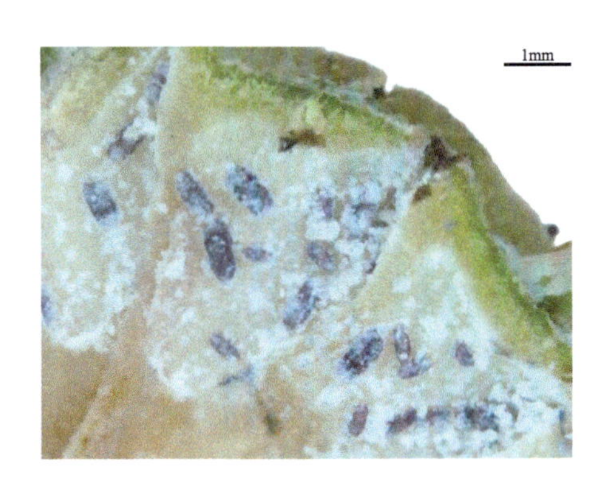

斑须蝽

Dolycoris baccarum (Linnaeus, 1758)

成虫体长 8.0 ~ 13.5mm，宽约 6mm。椭圆形，黄褐色或紫色，密被白绒毛和黑色小刻点。触角黑白相间。喙细长，紧贴于头部腹面。小盾片末端钝而光滑，黄白色。小盾片近三角形，末端钝而光滑，黄白色。前翅革片红褐色，膜片黄褐色，透明，超过腹部末端。胸腹部的腹面淡褐色，散布零星小黑点。足黄褐色，腿节和胫节密布黑色刻点。

分布：广布于中国各地；国外分布于阿拉伯联合酋长国、叙利亚、土耳其、朝鲜、日本、俄罗斯、印度及中亚、北美洲。

寄主：苹果、枸杞、石榴、山楂、泡桐等。

生活史：每年发生 1 ~ 3 代，以成虫在植物根际、枯枝落叶下、树皮裂缝中或屋檐底下等隐蔽处越冬。

危害：成虫和若虫刺吸嫩叶、嫩茎及穗部汁液。茎叶受害后，出现黄褐色斑点，严重时叶片卷曲，嫩茎凋萎，生长受影响。

防治方法：【林业措施】清除苗圃内杂草及枯枝落叶，

并集中烧毁，以消灭越冬成虫。【物理防治】产卵盛期仔细观察，及时消灭卵块和初孵化若虫。【化学防治】于若虫危害期喷药防治，常用药剂与用量为50%马拉硫磷乳油1500倍液或52.25%农地乐乳油1500倍液、50%敌敌畏乳油或90%晶体敌百虫800～1000倍液、2.5%功夫乳油3000倍液、20%灭扫利乳油3000～4000倍液。

赤条蝽

Graphosoma lineatum (Linnaeus, 1758)

成虫橙红色，长椭圆形，体长 8 ~ 12mm，宽 6.5 ~ 7.5mm，有黑色条纹纵贯全身。黑条纹头部 2 条，前胸背板 6 条，小盾片上 4 条。小盾片上的黑色条纹向后延伸、逐渐变细，两侧的 2 条黑色条纹位于小盾片边缘。体表粗糙，具有细密皱形刻点。触角较细，棕黑色，共 5 节，基部黄褐色。足棕黑色，侧接缘明显外露，其上有黑橙相间的点纹。虫体腹面为红黄色，其上散生许多大的黑色斑点。

分布：除西藏外全国广泛分布；国外分布于日本、朝鲜、俄罗斯等。

寄主：落叶松、榆树、杨树、栎树、油茶树等林木，胡萝卜、茴香、柴胡、防风、鸭儿芹、白芷等伞形花科蔬菜，萝卜、白菜等十字花科蔬菜，葱、洋葱等百合科蔬菜，以及小麦、苜蓿等粮食作物及牧草。

生活史：1 年发生 1 代，翌年 4 月下旬越冬成虫开始活动取食，5 月上旬开始产卵，6 月上旬至 8 月中旬越冬成虫

相继死亡。卵期9～13天。若虫于5月中旬至8月上旬孵出，若虫共5龄，若虫期大约40天；成虫期约300天，10月中旬以后陆续蛰伏越冬。

危害：成虫以及高龄若虫在枝条、叶片、花蕾和嫩荚上吸食汁液，致使植株生长衰弱、花枯萎、种荚畸形、种子干瘪。

防治方法：【林业措施】在冬季对赤条蝽发生严重的地块彻底耕翻一遍，可以消灭一部分越冬成虫。及时清除田间枯枝落叶及杂草，也可在卵期或低龄若虫期，人工摘除卵块和群集的小若虫。【化学防治】可以用天然除虫菊素2000倍液、0.3%苦参碱植物杀虫剂500～1000倍液、1.8%阿维菌素乳油2000倍液对初孵幼虫进行喷雾防治。

茶翅蝽

Halyomorpha halys (Stål, 1885)

体长一般在12～16mm，宽6.5～9.0mm。身体扁平略呈椭圆形，前胸背板前缘具有4个黄褐色小斑点，呈一横列排列。小盾片基部大部分个体均具有5个淡黄色斑点，其中位于两端角处的2个较大。不同个体体色差异较大，茶褐色、淡褐色，或灰褐色略带红色，具有黄色的深刻点，或金绿色闪光的刻点，或体略具紫绿色光泽。田间调查时区别于其他蝽类昆虫的特征是触角5节，并且最末2节有2条白带将黑色的触角分割为黑白相间；并且足亦是黑白相间。30℃以下，发育速度随着温度的增加而加快。刚产下的卵为淡黄白色，逐渐变深色，若虫即将孵化时卵壳上方出现黑色的三角口。

分布：除青海外，全国广泛分布；国外分布于美国、加拿大、瑞士、德国、法国、意大利、匈牙利和希腊等国家。

寄主：苹果、梨、桃、樱桃、杏、海棠、山楂、榆树、梧桐、枸杞，以及大豆、菜豆、甜菜等农作物。

生活史：1年发生1～2代。

危害：以其刺吸式口器刺入果实、植物枝条和嫩叶吸取汁液。成虫经常成对在同一果实上为害，而若虫则聚集为害。

防治方法：【林业措施】在果园外围栽植榆树作为防护林，可以保护蝽象黑卵蜂到林带内蝽象卵上繁殖；还可在产卵前和为害前进行果实套袋。【物理防治】在越冬场所诱集，秋季在果园附近空房内，将纸箱、水泥纸袋等折叠后挂在墙上，能诱集大量成虫在其中越冬，翌年出蛰前收集消灭。越冬成虫出蛰后，随时摘除卵块，捕杀初孵若虫。【化学防治】在越冬成虫出蜇结束和低龄若虫期喷药防治，可使用48%乐斯本乳油2000倍液、90%敌百虫800～1000倍液等有机磷药剂均能收到较好防治效果。【生物防治】保护天敌，5～7月为该虫寄生蜂成虫羽化和产卵期，果园应避免使用触杀性杀虫剂。

直同蝽

Elasmostethus interstinctus (Linnaeus, 1758)

体长 9.3 ～ 11.8mm，雌性体长大于雄性。体黄绿色，具棕黑色刻点。头、前胸背板前部、小盾片、革片的中部与外域黄绿色，头部侧叶及头顶具细刻点。触角第 1 节超过头的前端。前胸背板前缘具光滑隆脊，中、后部稍凸起，侧角微突起，不延伸成刺状，其后缘浅黑色。中胸隆脊向后延伸至中足基节间。小盾片三角形，基部中央、爪片及革片顶缘橘红色。腹部背面黑色，末端红色，侧缘全为橘黄色。雄性生殖节后缘中央具 2 束黄褐色长毛，其基部外缘各具 1 个小黑齿。

分布：山西、甘肃、黑龙江、吉林、河北、北京、陕西、湖北、云南、山东、福建、广东；国外分布于日本、俄罗斯及欧洲、北美洲。

寄主：梨、油松、榆、桦、竹类。

生活史：1 年 1 代。

危害：成虫、若虫口器刺入嫩枝、幼茎、叶片组织内，吸食汁液，造成植株生长缓滞。

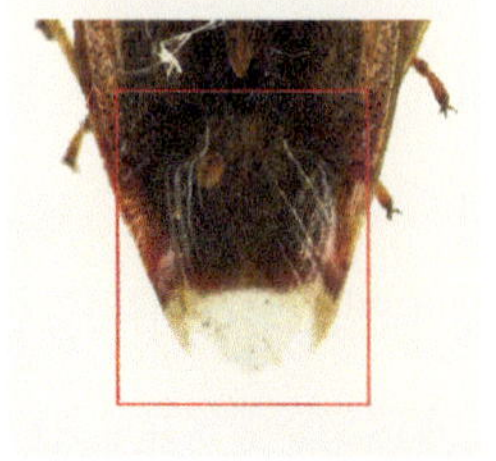

防治方法：【物理防治】清除杂草或人工捕杀成虫；在产卵期先适当排水，降低产卵位置，然后灌水至 10 ~ 13cm，浸泡 24 小时，连续 4 ~ 5 次可降低虫口密度。【化学防治】在若虫期喷洒 48％的乐斯本乳油 3500 倍液，或者用 10% 吡虫啉可湿性粉剂 2000 倍液，持效期长。

豆蚜

Aphis craccivora Koch, 1854

无翅孤雌蚜为漆黑色，卵圆形，长 2.3mm，漆黑亮色。头、胸及腹部第 1 ～ 6 节背面具明显六角形网纹；腹管长圆管形，基部粗大；第 7、8 腹节具横纹。有翅孤雌蚜体黑色，长卵圆形，长 2.0mm。触角与足灰黑相间；腹部淡色，具黑斑，第 1 ～ 6 节呈断续横带，第 7 ～ 8 节横带横贯全节，各节具缘斑；翅淡灰色。

分布：全国广泛分布；世界广泛分布。

寄主：刺槐、扁豆、紫穗槐，以及多种豆科植物。

生活史：1 年发生 10 多代，以无翅孤雌蚜、若蚜或少量卵于背风向阳处的野豌豆等豆科植物的心叶及根茎交界处越冬。翌年 4 ～ 5 月孵化为干母，孤雌生殖，繁殖 2 代后产生有翅蚜，并在刺槐上大量增殖形成第 3 代，刺槐严重受害，新梢枯萎弯曲、嫩叶卷缩。

危害：豆蚜危害刺槐、槐树、紫穗槐等多种豆科植物。以成虫、若虫群集刺吸槐树新梢汁液，引起新梢弯曲，嫩叶卷缩，枝条不能生长，同时其分泌物常引起煤污病。

防治方法：

【林业措施】做好林木抚育管理，增强树势。【物理防治】冬季剪除虫枝虫叶或刮除枝干上的越冬虫源，以降低种群基数。【化学防治】在成蚜、若蚜发生期，特别是第1代若蚜期，用50%马拉硫磷乳油1000倍液或20%氰戊菊酯乳油3000倍液、10%吡虫啉可湿性粉剂1000倍液喷雾；在树干基部打孔注射10%吡虫啉乳油30倍液或在刮皮的树干上用涂5～10cm宽的10%吡虫啉乳油10倍液药环。【生物防治】豆蚜的天敌种类较多，常见捕食类天敌有瓢虫、食蚜蝇、草蛉、小花蝽；寄生类天敌有蚜茧蜂，可通过保护天敌抑制蚜虫种群数量。

第三章　食叶害虫

中华稻蝗

Oxya chinensis (Thunberg, 1815)

体长 30.0 ～ 44.0mm。雌虫体长比雄性长，体色为黄绿色或黄褐色，左右两侧有暗褐色纵纹。触角褐色，丝状。前翅狭长，第 1 腹节较小，左右两侧各具 1 个鼓膜听器。后足腿节粗大且外侧上下两条隆线间具平行的羽状隆起。股节上侧内缘具刺 9 ～ 11 枚。

分布：山西、陕西、黑龙江、吉林、辽宁、北京、天津、河北、山东、河南、江苏、上海、安徽、浙江、湖北、江西、湖南、新疆、台湾、广东、广西、四川；国外分布于朝鲜、日本、越南、泰国。

寄主：桃、柑橘。

生活史：中华稻蝗 1 年发生 1 代，以卵在田埂、草滩等处的 1.5 ～ 5cm 表层土壤中越冬。越冬卵于 5 月上旬开始孵化，6 月中旬进入孵化盛期。7 月中旬成虫开始羽化，8 月中旬为羽化盛期，9 月中旬为产卵盛期。

危害：中华稻蝗成、若虫咬食叶片，咬断茎秆和幼芽。主要危害林下及林缘狗尾草、香蒲、芦苇、稗草、小莎草等禾本科植物以及水稻、玉米、大豆等农作物。

防治方法：【林业措施】在蝗区合理进行放牧，种植树木，对蝗区的植被进行恢复，调整蝗区种植结构，做到自然资源的合理利用。【化学防治】田间蝗蝻发生时，3 龄前若虫集中在田边杂草上时，选用 50% 马拉硫磷 1000 倍液喷雾进行防治。【生物防治】可利用真菌、细菌和原生动物灭蝗，其中，应用最广的是蝗虫微孢子虫和绿僵菌，两者结合使用，防治效果更好。鞘翅目斑芫菁属的一些种类的幼虫、寄生蜂对控制蝗虫起到很好的作用；粉红椋鸟防治蝗虫取得了很好的经济效益和社会效益。

短额负蝗

Atractomorpha sinensis I. Bolivar, 1905

又名小尖头蚱蜢。体长 20 ~ 48mm；虫体草绿色或褐黄色，体表具淡黄色瘤状突起，头在复眼后方具 1 列联珠状的颗粒（8 ~ 10 个），经前胸背板侧缘直至中足基节。头尖，头顶至复眼的最短距离与复眼的长径相近。触角剑状，雄性触角长，雌性短。前翅较长，超出后足腿节末端部分约为全翅长的 1/3，顶端略尖。后翅基部玫瑰红色或红色。

分布：山西、北京、陕西、甘肃、青海、宁夏、内蒙古、辽宁、天津、河北、河南、山东、江苏、上海、浙江、安徽、江西、福建、台湾、湖北、湖南、广东、广西、海南、重庆、四川、贵州、云南；国外分布于日本、朝鲜、越南。

寄主：主要危害林下及林缘草本类植物，以及向日葵、豆类等农作物。

生活史：多 1 年 1 代，以卵在土壤中越冬，翌年 6 月上旬开始孵化出土，6 月下旬为孵化出土盛期，8 月中旬开始羽化，8 月下旬为羽化盛期，9 月上旬为产卵盛期。

危害：短额负蝗食性较广，可取食苹果、柿、桑、泡桐等的叶片和多种农作物和杂草。

防治方法：【林业措施】短额负蝗发生严重地区，秋季、春季铲除地边5cm以上的土及杂草，把卵块暴露在地面晒干或冻死，也可重新加厚地埂，增加盖土厚度，使孵化后的蝗蝻不能出土。【物理防治】在杂草或者林木附近人工捕杀虫卵或成虫。【化学防治】对高密度区，通过飞机施药或施用烟剂进行化学防治。【生物防治】保护利用麻雀、青蛙、寄蝇等天敌及利用绿僵菌进行生物防治，降低短额负蝗危害。此外，要加强预测预报，抓住防治适期，力争将短额负蝗消灭在蝻期，防止扩散为害。

苹梢鹰夜蛾

Hypocala subsatura Guenée, 1852

体长 17.5 ～ 22.0mm，体表棕褐色。复眼灰褐色，具有许多小黑斑。触角丝状，下唇须伸向斜下方，状如鹰嘴。后翅黑棕色，中室后有一黄色倒“r”形纹，翅中和外缘中部有近圆形的黄斑，缘毛黄色，背部各节 3/5 处，前端开始被深灰色或黑色的毛，形成黄白相间的半环。

分布： 山西、陕西、河南、甘肃、江苏、山东、北京、河北、辽宁、浙江、台湾、湖北、广西、广东、四川、云南；国外分布于日本、印度。

寄主： 苹果、梨、李、柿等多种果树。

生活史： 以 1 年 1 代为主，少数出现 2 代。以蛹居土

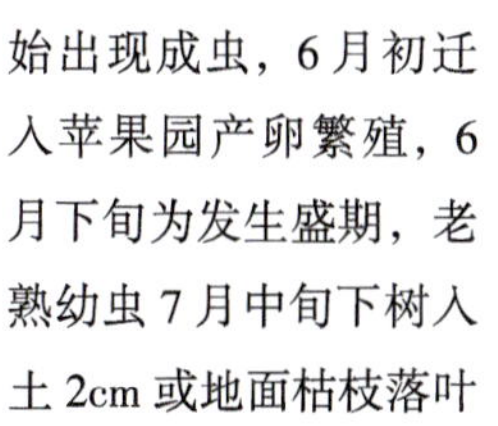

茧内越冬，翌年 5 月开始出现成虫，6 月初迁入苹果园产卵繁殖，6 月下旬为发生盛期，老熟幼虫 7 月中旬下树入土 2cm 或地面枯枝落叶

下化蛹，7 月下旬达化蛹高峰；第一代成虫羽化。8 月上旬羽化后成虫从果园迁往其他生境。白天隐于叶背，趋光性弱，多在夜间散产卵于树冠上部。

危害：初孵幼虫危害顶梢蛀食苞芽，被害芽迅速枯萎。幼虫危害嫩叶，吐丝卷叶。幼虫一生转梢危害 5 ～ 8 枝，致使植株大量秃枝。

防治方法：【化学防治】喷雾器喷洒 50% 马拉硫磷乳油 1000 倍液、25% 菊乐合酯乳油和 20% 速灭杀丁乳油 1000 倍液。在 6 月上中旬幼虫发生初期防治。

柳裳夜蛾

Catocala electa (Vieweg, 1790)

体长约 30.0mm，翅展约 76.0mm。头和胸部灰黑色。颈板具黑色纹。前翅灰黑色，翅面具黑褐色波浪线纹，肾斑明显，外缘灰色，锯齿形，端线由排列黑点组成。后翅桃红色，中部有条弓形黑色宽带，外缘附近为黑色，中部凹陷，其后渐窄。腹部背面灰褐色，具毛簇。

分布：山西、河北、天津、河南、黑龙江、湖北、山东、新疆；国外分布于朝鲜、日本及欧洲。

寄主：杨树、柳树、榆树。

生活史：该虫 1 年发生 1 ～ 2 代，以蛹在土中越冬。翌年 6 月下旬始见成虫，7 月中下旬为成虫羽化高峰。成虫

飞翔力和趋光性很强，白天潜伏在杨、柳、榆树枝干上停息；夜间活动、交尾和产卵。7～8月为幼虫危害期，以8月危害严重。

危害：幼虫取食寄主叶片，造成缺刻和孔洞，发生严重年份常将叶片食光，只留叶柄；成虫还能吸食苹果的汁液。

防治方法：【物理防治】用黑光灯诱杀成虫。【化学防治】药剂防治，幼虫发生严重时，喷施25%灭幼脲Ⅲ号胶悬剂1500倍液防治；或结合防治其他害虫，兼治此虫。

客来夜蛾

Chrysorithrum amata (Bremer et Grey, 1853)

体长 22.0 ～ 24.0mm，翅展 64 ～ 67mm。头部及胸部深褐色。前翅灰褐色，密布棕色细点。基线与内线白色外弯，环纹为黑色圆点，肾纹不显，中线细，外弯，外线前半波曲外弯，外线与亚端线间暗褐色，约呈“Y”字形。后翅暗褐色，中部具 1 条橙黄色曲带，顶角具 1 个黄斑，臀角具 1 条黄纹。

分布：山西、天津、福建、河北、河南、黑龙江、吉林、辽宁、内蒙古、山东、陕西、云南、浙江；国外主要分布于俄罗斯、朝鲜、日本。

寄主：胡枝子。

生活史：不详。

危害：幼虫取食寄主叶片，造成缺刻和孔洞。

防治方法：【物理防治】采用理化方式对客来夜蛾进行防控，通过诱杀灯光成虫，降低种群密度，从而减轻危害。【化学防治】低龄幼虫期选用 2.5% 溴氰菊酯乳油 2500 ～ 5000 倍液，30% 增效氰戊菊酯 6000 ～ 8000 倍液，50% 马拉硫磷乳油 1000 ～ 1500 倍液喷施防治。【生物防治】人工释放客来夜蛾的捕食性天敌昆虫和寄生性天敌昆虫对其进行防治。

肖浑黄灯蛾

Rhyparioides amurensis (Bremer, 1861)

翅展 43.0 ～ 60.0mm。雄性深黄色。下唇须上方黑色，下方红色。额黑色，触角暗褐色，腹部红色，背面及侧面具黑点列。雌性前翅黄色，前翅反面红色，中室内具黑点，中带在中室下方折角，横脉纹黑色，外线 3 ～ 4 个黑斑。

分布： 山西、北京、陕西、天津、福建、广西、河北、内蒙古、黑龙江、湖北、湖南、江西、四川、浙江、云南；国外主要分布于朝鲜、日本。

寄主： 栎、柳、榆、蒲公英、染料木属植物。

生活史： 成虫 6 ～ 9 月出现，取食花蜜，具趋光性。

危害： 幼虫危害柳、榆、栎、蒲公英、染料木属植物的叶片。

雄成虫

雌成虫

防治方法：【林业措施】为树种合理组合搭配，形成不同隔离带，限制扩散传播，避免营造大面积纯林，造成树种单一，林相单纯；林地深翻管理、人工清除重灾区的虫源等，可有效降低下一代或翌年害虫种群发生基数，减轻害虫危害程度。【物理防治】主要利用佳多频振式杀虫灯诱杀，同时起到监测作用。【化学防治】低龄幼虫期喷施 2.5% 溴氰菊酯乳油 2500 ～ 5000 倍液、50% 马拉硫磷乳油 1000 ～ 1500 倍液防治。【生物防治】释放赤眼蜂、啮小蜂等寄生性天敌、人工挂鸟巢招引鸟类和喷洒生物或仿生制剂等。

浑黄灯蛾

Rhyparioides nebulosa (Butler,1877)

翅展 47.0 ～ 54.0mm。头、胸暗褐黄色。下唇须上方、额及触角黑褐色，下唇须下方红色。腹部红色，背面及侧面具黑点列。前翅褐黄色，前缘具黑边，中线由前缘斜向中脉折角再内斜至后缘，前缘处具 2 个黑点，中室上角具 1 个黑点。后翅红色，横脉纹为大黑色斑。前翅反面红色，中室中央具 1 黑点，横脉纹大黑斑。

分布：山西、天津、河北、黑龙江、吉林、辽宁、内蒙古；国外主要分布于日本及俄罗斯远东地区。

寄主：车前、蒲公英、艾蒿等林下植物。

生活史：不详。

危害：幼虫危害寄主植物叶片。

防治方法：【林业措施】避免营造大面积纯林，林地深翻管理、人工清除重灾区的虫源，有效降低下一代或翌年害虫种群发生基数，减轻害虫危害程度。【物理防治】利用杀虫灯诱杀成虫，同时起到监测作用。【化学防治】3 龄前幼虫应用 50% 马拉硫磷乳油 1000 ～ 1500 倍液或 40% 毒死蜱乳油 1000 ～ 1500 倍液喷施防治。【生物防治】设置鸟类巢箱；设置林间草本植物带，保护天敌昆虫。

红缘灯蛾

Aloa lactinea (Cramer, 1777)

翅展雄 46 ~ 56mm，雌 52 ~ 64mm；体长 18 ~ 20mm。体、翅白色，前翅前缘及颈板端部红色。腹部背面除基节及肛毛簇外橙黄色，并有黑色横带，侧面具黑纵带，亚侧面 1 列黑点，腹面白色。触角线状黑色。前翅中室上角常具黑点，后翅横脉纹常为黑色新月形纹，亚端点黑色，1 ~ 4 个或无。

分布：国内广泛分布；国外分布于朝鲜、日本及东南亚、南亚。

寄主：苹果，以及白菜、萝卜、菜豆、瓜类、玉米等农作物。

生活史：1 年发生 1 代，以蛹越冬。5 ～ 6 月羽化，成虫昼伏夜出，有趋光性，卵块被产于叶背，每个卵块含卵数百粒，卵期 6 ～ 8 天。幼虫孵化后群集危害，3 龄后分散，行动敏捷，幼虫期 27 ～ 28 天。老熟后入浅土或于落叶等覆盖物内结茧化蛹。

危害：幼虫啃食叶、花、果，致叶成孔洞或缺刻，花脱落，果皮受伤。

防治方法：【林业措施】秋后或早春耕翻园地，冬季彻底清除园内外落叶杂草集中处理。【物理防治】成虫发生期利用黑光灯诱杀成虫。【化学防治】卵孵化前后及低龄幼虫期，叶面喷洒 20% 杀螟硫磷乳油或 2.5% 溴氰菊酯乳油 2000 倍液，或 50% 辛硫磷乳油 1000 ～ 1200 倍液等进行杀灭。

春尺蠖（春尺蛾）

Apocheima cinerarius (Erschoff, 1874)

雄成虫翅展28～37mm，体灰褐色，触角羽状。前翅淡灰褐至黑褐色，有3条褐色波状横纹，中间的1条不明显。雌成虫体长7～19mm，无翅，触角丝状，体灰褐色，腹部背面各节有数目不等的成排黑刺，刺尖端圆钝，臀板上有突起和黑刺列。

分布：山西及西北、华北、山东；国外分布于俄罗斯、朝鲜及中亚。

寄主：杨、柳、槐、桑、榆、苹果、梨、沙枣、核桃、沙果。

生活史：1年1代，以蛹在树木干基周围的土壤中越夏、

越冬。2 月底 3 月初开始羽化出土，3 月上中旬见卵，4 月上旬至 5 月初孵化，5 月上旬至 6 月上旬幼虫开始老熟，入土化蛹越夏越冬。

危害： 幼虫取食幼芽和花蕾、叶片进行危害。

防治方法：【林业措施】营造混交林，合理密植、恰当抚育与间伐，封山育林，选育优良树种。【物理防治】利用趋光性，进行灯光诱杀雄成虫。【化学防治】在干基周围挖深、宽各约 10cm 环形沟，沟内撒毒土 0.5kg(细土与杀螟松 1 ∶ 1 混合)，树干涂毒环阻杀雌成虫上树；24.5% 甲维盐 · 噻嗪酮 73.5 ～ 88g/hm^2 喷雾防治幼虫。【生物防治】用春尺蠖多角体 NPV 进行防治，加入活性炭作为光保护剂；也可利用苏云金杆菌、青虫菌、白僵菌进行生物防治。

槐尺蛾

Chiasmia cinerearia (Bremer et Grey, 1853)

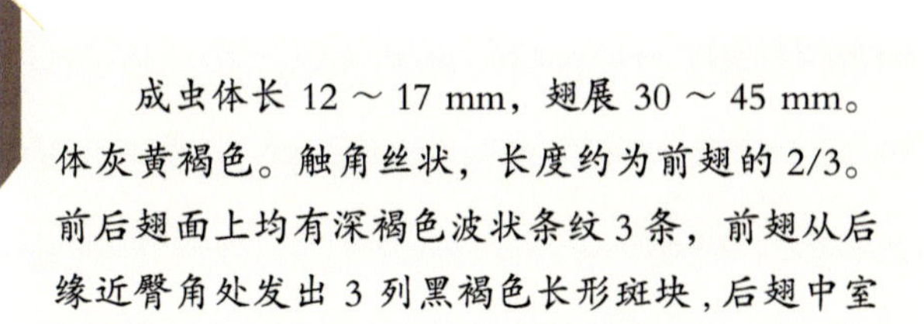

成虫体长 12 ～ 17 mm，翅展 30 ～ 45 mm。体灰黄褐色。触角丝状，长度约为前翅的 2/3。前后翅面上均有深褐色波状条纹 3 条，前翅从后缘近臀角处发出 3 列黑褐色长形斑块，后翅中室外缘具 1 个黑色斑点，外缘锯齿状。

分布：山西、天津、甘肃、广西、河南、湖南、江苏、江西、内蒙古、青海、山东、四川、西藏、台湾、陕西、安徽、浙江、辽宁、河北、北京；国外分布于日本、朝鲜。

寄主：核桃、黄连木、柿、臭椿、泡桐、槐、桑、杨。

生活史：每年发生 3 代，以蛹在土壤中越冬，越冬蛹于 4 月下旬至 5 月中旬羽化。

危害：以幼虫食害国槐的叶片，严重发生时，幼虫可将树叶迅速吃光，使树势下降甚至死亡。

防治方法：【物理防治】可将频振式杀虫灯安放在发生较重的地段，进行灯光诱杀；利用幼虫受惊吓有吐丝下垂的习性，采取突然振动树体或喷水等方式，集中收集处理。【化学防治】5 月上旬是第 1 代幼虫孵化危害的时期，注意

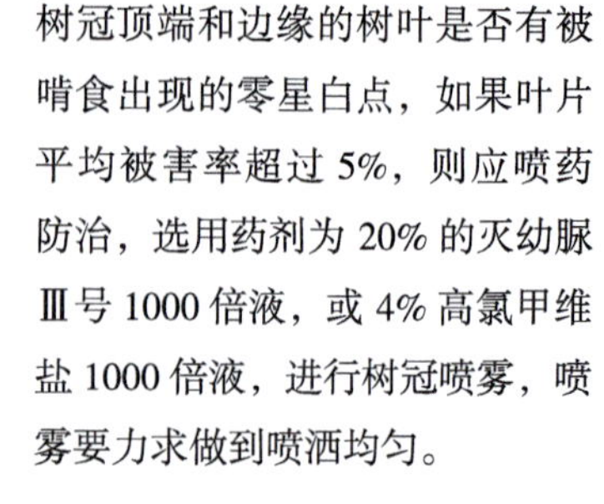

树冠顶端和边缘的树叶是否有被啃食出现的零星白点，如果叶片平均被害率超过 5%，则应喷药防治，选用药剂为 20% 的灭幼脲Ⅲ号 1000 倍液，或 4% 高氯甲维盐 1000 倍液，进行树冠喷雾，喷雾要力求做到喷洒均匀。

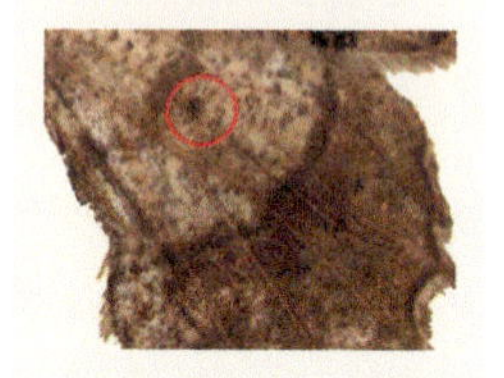

女贞尺蛾

Naxa seriaria (Motschulsky, 1866)

翅展 31 ～ 40mm。体、翅白色，略呈半透明，端部钝圆；翅外缘有 2 排黑点，外列 7 个，内列 8 个；前翅前缘基部灰黑色，翅上基部 3 个黑点组成内线，中室上端具 1 个点，大而清晰；前翅亚缘具 1 个由 8 个脉点组成的弧形；后翅亚缘有 1 个 8 个脉点组成的弧形，中室上端具 1 个大点。无翅缰。

分布：山西、天津、河北、北京、贵州、河南、江苏、江西、陕西、四川、甘肃、宁夏、浙江、福建、湖北、湖南、广西等地；国外分布于俄罗斯、朝鲜、日本。

寄主：丁香、水曲柳、女贞。

生活史：1 年 2 代。以 3、4 龄幼虫在树枝虫巢内越冬。

危害：幼虫群集吐丝结网取食叶片，幼虫食量大，大发生时，受害树叶片常被食尽，影响林木生长，重者使树木枯死。

防治方法：【林业措施】圃地培育的苗木发生女贞尺蛾时，秋冬季深耕施基肥进行灭蛹或清除、扫除树冠下表

土上的蛹，保持圃地苗木卫生状况，减少虫源。育种时选用抗虫品种。【物理防治】在女贞尺蛾成虫盛发期，产卵之前，人工捕杀成虫，清除网幕，以减少下一代虫卵数量，或利用幼虫受惊后吐丝下垂习性人工捕杀。【生物防治】采用苏云金杆菌进行防治，或者使用专化性强的白僵菌生物制剂进行防治，施菌量为每公顷40～50kg，该方法环境兼容性好，对天敌无害。

双斜线尺蛾

Megaspilates mundataria (Stöll, 1782)

翅展 34.0 ～ 46.0mm。触角双栉状，雄的栉枝比雌的长。头、胸白色。翅白色具丝光。前翅顶角尖，前缘具褐色条，从翅基部向前缘顶端 1/5 处具 1 条褐色斜条，顶角至后缘基部 2/3 处另具 1 条褐色斜条。后翅从顶角至后缘基部 2/3 处具 1 条褐色直线。腹部第 1 节白色，其余各节黄褐色具灰褐色边。

分布：山西、北京、黑龙江、江苏、内蒙古、陕西、辽宁、河北、江西、湖北等；国外分布于俄罗斯、蒙古、日本、朝鲜及中亚、欧洲。

寄主：杨、柞。

生活史：不详。

危害：幼虫危害杨、柞等植物，对植物叶片产生危害。

防治方法：【林业措施】冬季加强清理果园林地内的杂草、落叶、枯枝、落果和修剪掉落的枝条以及做好铲根除蛹，压低越冬代虫口基数。增强田间管理，及时清理田间的枯枝落叶。【检疫措施】加强苗木引进的检测工作，

切断虫源传播。【物理防治】羽化盛期在树林带旁燃烧柴草诱杀成虫。成虫具有趋光性，可使用灯诱的方法将其诱集杀灭。【化学防治】对被危害林木喷施灭幼脲Ⅲ号防治幼虫。【生物防治】用矿泉水瓶或者5L的食用油壶自制，加洗衣粉水的性诱剂诱捕器诱杀成虫。

李尺蛾

Angerona prunaria (Linnaeus, 1758)

翅展 46.0 ~ 48.0mm。体、翅颜色变化很大，从浅灰色到橙黄色、暗褐色或橙黄色、暗褐色相间，翅上散布黑褐色的横向细碎条纹和大块斑，脉端缘毛黑褐色。翅反面颜色和正面一样，也有细碎条纹。

分布：山西、河北、北京、天津、黑龙江、内蒙古；国外分布于朝鲜、俄罗斯、日本及西欧。

寄主：落叶松、山杨、李、山楂、桦、乌荆子李、山楂、榛、千金榆、稠李等。

危害：幼虫取食寄主植物叶片。

生活史：不详。

防治方法：【林业措施】增强林间管理，及时清理林间凋落物。【物理防治】根据成虫具有趋光性的特点，选择诱虫灯诱杀。【化学防治】药剂防控可用灭幼脲Ⅲ号在幼虫期喷洒防治。

山枝子尺蛾

Aspilates geholaria (Oberthür, 1887)

翅展36.0～48.0mm。胸部白色，具长毛。前翅烟白色，前缘散布浅黑色，外缘浅黑色点和线相同。翅面具3条从亚前缘向内缘倾斜的浅黑色线，最外的1条约为另2条的2倍宽。后翅烟白色，隐约见1条浅黑色线与前翅最外1条宽线相连，前半部很不明显。腹部褐色。

分布：山西、天津、福建、甘肃、河北、河南、黑龙江、湖北、湖南、辽宁、内蒙古、陕西、四川。

寄主：山枝子、苜蓿、刺槐等。

生活史：不详。

危害：幼虫取食植株叶片。

防治方法：【林业措施】增强林间管理，通过人工清

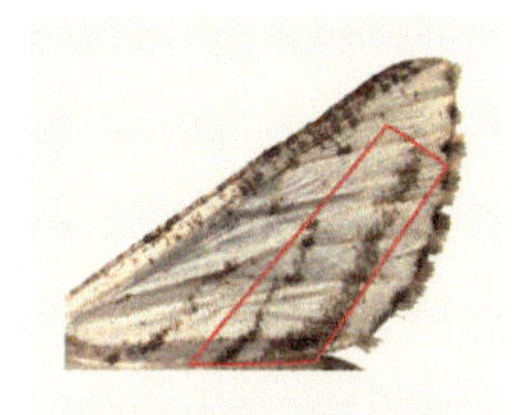

理林间凋落物，减少越冬虫体基数。【物理防治】人工剪除虫茧，摘除卵块；7 月成虫期，用灯光诱集成虫集中杀灭。【化学防治】幼虫危害严重时，喷施灭幼脲Ⅲ号进行防治。

枞灰尺蛾

Deileptenia ribeata (Clerck, 1759)

体长：翅展30～40cm。体、翅灰白色，胸部、腹部有黑色横纹。全翅布有大小不一的不规则黑色斑点，前翅边缘中部和后翅中央各具1个较大黑斑，外缘均有间断的黑边，后翅可见3条黑色波浪纹。

分布：山西、天津、河北、黑龙江、辽宁、山东；国外分布于朝鲜、日本、俄罗斯及欧洲。

寄主：枞、杉、桦、栎等。

生活史：成虫6～9月份出现，具趋光性。

危害：幼虫取食叶片。

防治方法：【林业措施】提高植物自身的抗病虫能力，同时适度混交，促进林分结构向异龄复层混交林方向发展，加大人工调控，保持林分的合理混交结构。【物理防治】进行林下清理，减少有害生物的适生寄主，减少

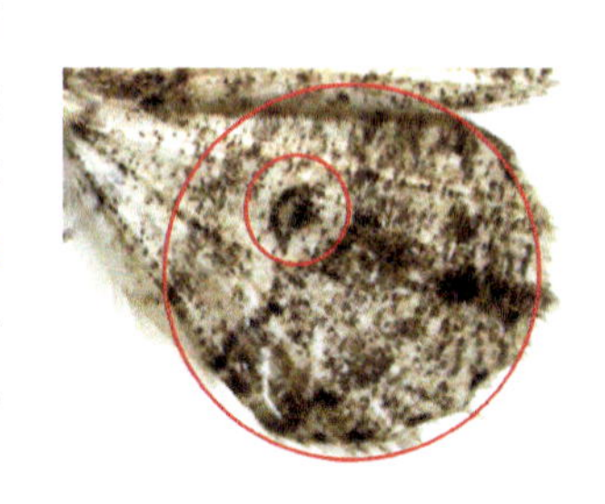

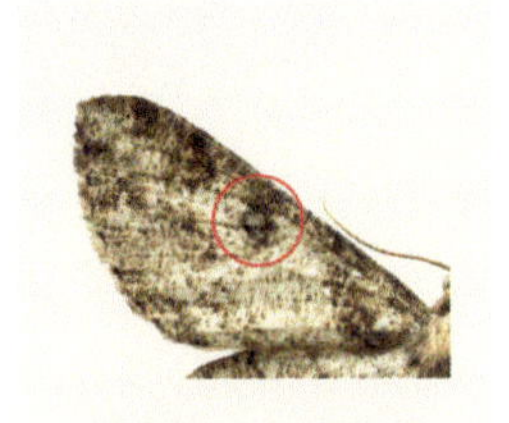

病虫源头。【化学防治】危害严重时，喷洒化学杀虫剂苦参碱或应用化学烟剂烟碱防治。

直脉青尺蛾

Geometra valida Felder et Rogenhofer, 1875

翅展 56.0 ~ 64.mm。下唇须 1/3 以上伸出额外。前、后翅外缘锯齿状，全翅绿色。线纹白色。前翅内线较细，外线倾斜，在前翅前缘处较细，向下逐渐加粗，亚缘线灰白色波状，极细弱。缘毛黄白色，在翅脉端深灰褐色。后翅具 1 条从前缘中部达后缘中部的白色线。尾突较显著；体粉白色。

分布：山西、天津、北京、甘肃、广西、贵州、河南、黑龙江、吉林、辽宁、内蒙古、宁夏、陕西、上海、四川、浙江；国外分布于朝鲜、日本、俄罗斯等。

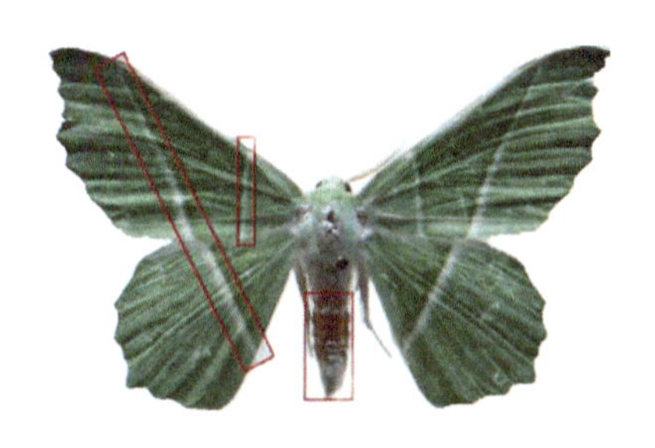

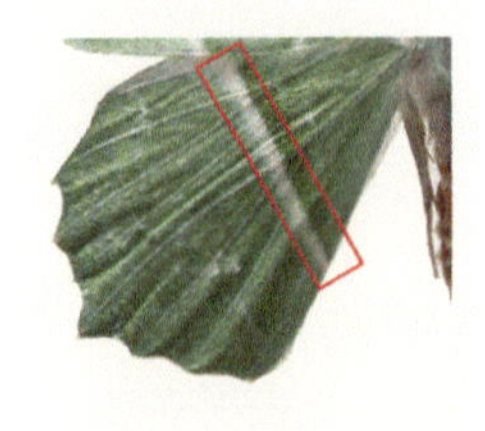

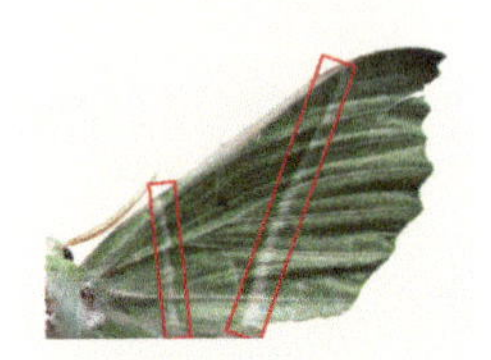

寄主：栗、栎、青冈等植物。

生活史：不详。

危害：幼虫取食寄主叶片。

防治方法：【物理防治】直脉青尺蛾有较强的趋光性，可选择灯诱诱集；成虫集中杀灭人工清理树皮缝，捕杀越冬虫体、剪除虫茧，摘除卵块。【化学防治】幼虫期可以喷施灭幼脲Ⅲ号进行防治。

贡尺蛾

Gonodontis aurata Prout, 1915

翅展 55.0mm 左右。通体土黄色。前翅外缘锯齿形，共 3 齿，向后愈大，外线明显，灰黄两色，中室具 1 个灰圆点，前缘具 2 个白色小斑点；后翅淡黄色，外线浅灰，中室圆点比前翅的略大；翅反面略浅灰，斑纹与正面一致。

分布：山西、天津、四川；国外分布于日本、朝鲜。

寄主：不详。

生活史：不详。

危害：幼虫取食寄主植物叶片。

防治方法：【林业措施】加强林间管理，进行林下清杂，

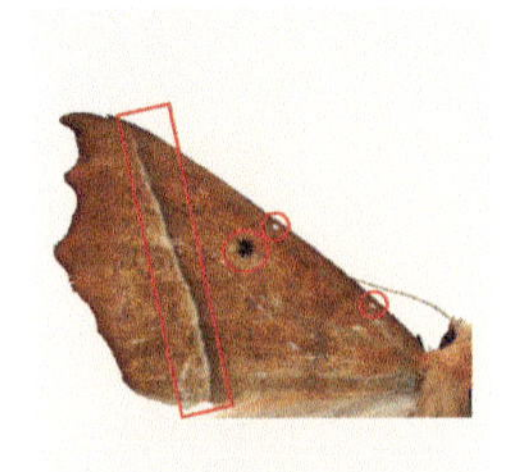

减少有害生物的适生寄主，降低林间植被密度，减少种群基数。适度混交，促进林分结构向异龄复层混交林方向发展。【物理防治】灯光诱杀成虫。【化学防治】幼虫期喷洒化学杀虫剂 50% 马拉硫磷乳油 1000 ～ 1500 倍液或应用化学烟剂烟碱防治。

角顶尺蛾

Phthonandria emaria (Bremer, 1864)

翅长 18.0 ～ 20.0mm。体、翅灰褐色，翅面散布褐色细纹。前翅外缘向外弧弯过顶角，外线在近顶角处向外折成锐角几达翅外缘，中室端具黑色褐点，内线在中室端黑褐点内侧曲折，斜伸向后缘基部 1/4 处，顶角处具 1 个近三角形褐斑。后翅外线黑色，外侧具褐色长条。翅反面色暗，外线为 1 列弧形排列的黑点。

分布：山西、天津、北京、河北、黑龙江、吉林、辽宁、内蒙古；国外分布于日本、朝鲜、俄罗斯。

寄主：不详。

生活史：不详。

危害：幼虫取食寄主植物的叶片。

防治方法：【林业措施】可人工林下清杂，减少适生寄主，降低种群基数；适度混交，促进林分结构向异龄复层混交林方向发展，加大经营管理，保持林分的合理混交结构。【物理防治】诱虫灯杀灭成虫。【化学防治】喷洒化学杀虫剂50%辛硫磷或50%杀螟松乳油1000～1500倍液或应用化学烟剂烟碱防治。

黄辐射尺蛾

Iotaphora iridicolor (Butler, 1880)

翅展 54.0 ～ 60.0mm。颜面灰黄色，头顶粉黄色，下唇须外侧黑色。翅淡黄色，有杏黄色条纹，外缘较白，有辐射形黑线纹，前、后翅中室各具1黑纹。

分布：山西、天津、北京、甘肃、河南、黑龙江、湖北、湖南、江西、陕西、四川、西藏、云南；国外分布于印度。

寄主：胡桃、核桃。

生活史：不详。

危害：幼虫取食寄主叶片。

防治方法：【林业措施】冬季加强清理果园林地内的杂草、落叶、枯枝、落果和修剪掉落的枝条。【检疫措施】

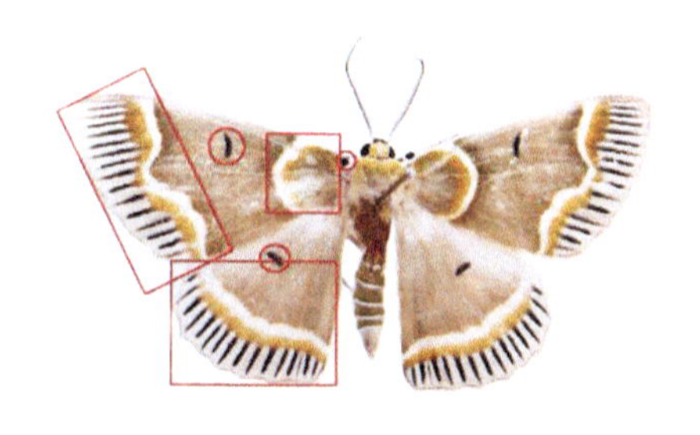

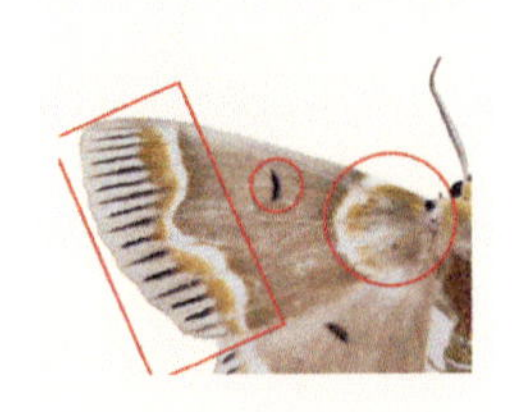

加强苗木引进的检测工作，切断虫源传播。【物理防治】做好林间铲根除蛹，压低虫口基数；羽化盛期在树林带旁燃烧柴草诱杀成虫；自制诱捕器，加洗衣粉水的矿泉水瓶或者食用油壶加性诱剂诱杀成虫。【化学防治】喷洒化学杀虫剂 5% 高效氯氰菊酯 5000 ～ 7000 倍液或应用化学烟剂防治。

雪尾尺蛾

Ourapteryx nivea Butler, 1884

翅展 45.0 ～ 48.0mm。整体白色。前翅散布灰白色小线条，内、外横线浅灰白色。后翅中线在翅中部明显，臀角区具灰白色小颗粒点斑分布，外缘处延伸呈尖锐突起，突起基部具 2 个黑斑。

分布：山西、天津、安徽、河北、河南、黑龙江、吉林、辽宁、内蒙古、山东、陕西、四川、浙江；国外分布于日本。

寄主：朴、冬青、栓皮栎。

生活史：不详。

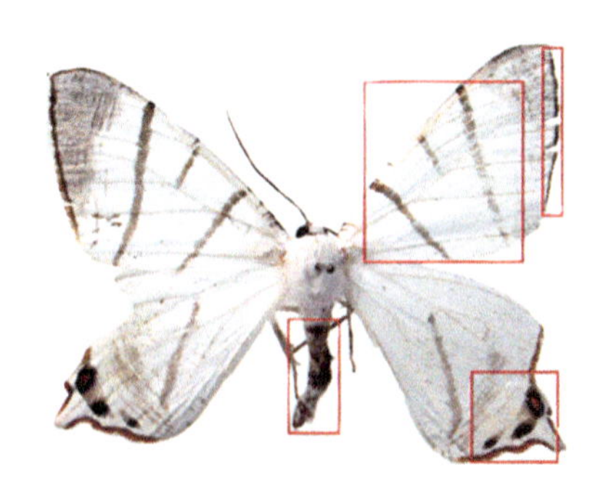

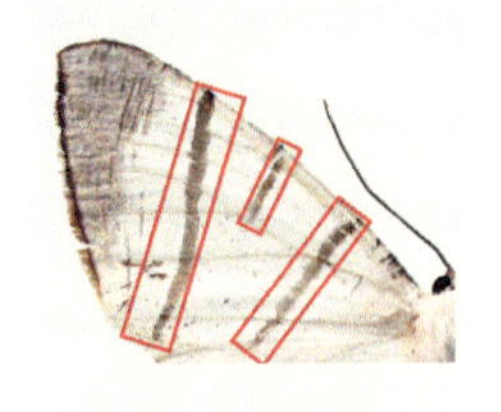

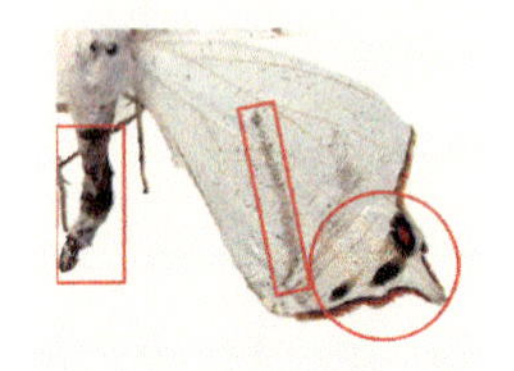

危害：幼虫取食寄主叶片。

防治方法：【林业措施】秋冬清理林地内的杂草、落叶、枯枝，修剪掉落的枝条。【检疫措施】加强苗木引进的检测工作，切断虫源传播。【物理防治】人工清理，做好林间铲根除蛹，压低虫口基数；羽化盛期在树林带旁燃烧柴草诱杀成虫。【化学防治】喷洒20%灭幼脲Ⅲ号胶悬剂2000～3000倍液防治幼虫。

小红姬尺蛾

Idaea muricata (Hufnagel, 1767)

翅展 20.0mm 左右。体背桃红色，头、触角及足黄白色。翅桃红色，外缘及缘毛黄色。前翅基部、中部及后翅中部具黄色斑，近外缘具暗褐色横线。

分布：山西、天津、北京、河北、辽宁、山东、湖南；国外分布于日本、朝鲜、俄罗斯。

寄主：不详。

生活史：不详。

危害：幼虫取食寄主叶片。

防治方法：【林业措施】冬季加强清理果园林地内的杂草、落叶、枯枝、落果和修剪掉落的枝条。【检疫措施】加强苗木引进的检测工作，切断虫源传播。【物理防治】做

好铲根除蛹，压低虫口基数；羽化盛期灯诱杀灭成虫。【化学防治】喷洒 50% 辛硫磷或 50% 马拉硫磷乳油 1000 ~ 1500 倍液进行防治。

桑褶翅尺蛾

Apochima excavata (Dyar, 1905)

雌成虫体长 20mm，翅展 45mm。雄成虫体长 15mm，翅展 40mm，蛾体灰褐色，头部及胸背部多长鳞毛且较长，呈褐色或灰白色。复眼紫黑色。雌蛾触角呈丝状，雄蛾呈羽毛状，腿节上均有灰褐色长毛。雌蛾灰褐色，雄蛾色深为褐色。翅面、前翅有3条褐色横带，后翅有2条褐色横带。静止时，四翅褶叠，褶叠的翅呈棒状并竖起，前双翅竖起，后双翅与腹部平行、稍长于腹末端。

分布：山西、天津、北京、河北、宁夏、新疆、陕西；国外分布于朝鲜、日本。

寄主：桑、桦、杨、槐、柳、刺槐、核桃、山楂等。

生活史：1 年 1 代。

危害：幼虫取食寄主植物叶片。

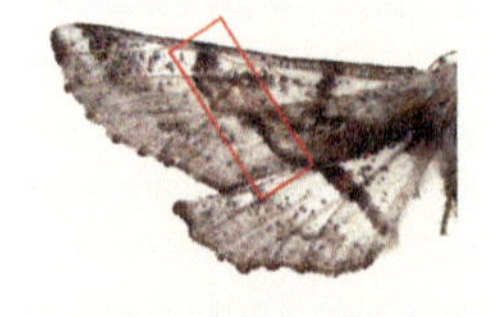

防治方法：【林业措施】加强养护，合理水肥运筹，增强树木长势以提高抵抗病虫害的能力。冬季加强清理林地内的杂草、落叶、枯枝、落果和修剪掉落的枝条。做好铲根除蛹，压代虫口基数。【检疫措施】加强苗木引进的检测工作，切断虫源传播，在定植苗木前，实施产地检疫和现场检查相结合的方式，若发现有虫株率达5%时，可采取在封闭范围内喷施杀虫剂杀灭后，再进行转运、种植，在此过程中注意淘汰弱势、有伤口的植株。【物理防治】根据桑褶翅尺蛾对灯光的趋性，在越冬代羽化盛期，可以利用频振式杀虫灯按照每 4hm^2 树林悬挂 1 盏杀虫灯，也可在 50 ～ 100 W 白炽灯下方 15cm 处放 1 水盆加少许洗衣粉，或者套一布袋（或塑料食品袋）在灯下。也可以在羽化盛期在树林带旁燃烧柴草诱杀成虫。利用成虫有一定的趋化性，诱杀成虫，酒、醋、水的比例为 5 ： 20 ： 80，发酵豆腐或苹果，自制诱集瓶进行诱杀。也可以用矿泉水瓶或者 5L 的食用油壶自制加洗衣粉水的性诱剂诱捕器诱杀成虫，3 ～ 5 天清理诱捕器 1 次，补充洗衣粉水，不但能起到监测成虫发生动态的作用，而且可以作为桑褶翅尺蛾比较有效的理化诱控器具。【化学防治】根据调查情况，早晨或下午光线较弱时，用 20% 氰戊菊酯 2000 ～ 4000 倍液，5% 甲维盐 2500 ～ 5000 倍液喷雾防控将树木的上、下、左、右都打透。

榛金星尺蛾

Calospilos sylvata Scopoli, 1763

翅展 28.0 ~ 33.0mm。前翅底色白，基部红黑色及赭色混合斑突出。中室端具 1 个大黑斑，亚外缘具 2 列平行的黑斑。外缘具 4 ~ 5 个黑斑，中间黑斑显著大于其他黑斑。后翅底色白，基部具 1 个黑斑，在基斑与亚外缘斑列之间，具数个黑斑，呈 1 横列，亚外缘黑斑列由前至后渐大。

分布： 山西、天津、江苏、内蒙古、浙江、江苏；国外分布于朝鲜、俄罗斯、日本及中欧、中亚。

寄主： 榛、榆、山毛榉、稠李、桦等。

生活史： 不详。

危害： 幼虫取食寄主植物叶片。

防治方法： 【物理防治】成虫一般不甚活跃，可以早晚间人工捕捉，也可以依据成虫对灯光的正趋性进行灯诱灭杀成虫，降低虫口基数。结合养护

管理，在 9 月至翌年 4 月底之前松土灭蛹。【化学防治】可以除虫菊酯类农药对幼虫防治效果好。在幼虫低龄阶段用下列药剂喷雾如溴氰菊酯、联苯菊酯、氯氰菊酯等，此外，40% 的乙酰甲胺磷、50% 辛硫磷及 50% 马拉硫磷等都有很好的效果。亦可应用化学烟剂防治。【生物防治】幼虫有多种寄生蜂，用药物防治时，注意避开寄生蜂的繁殖高峰期，通过保护天敌来进行防治。

杨褐枯叶蛾

Gastropacha populifolia (Esper, 1784)

翅展40.0～77.0mm。体、翅黄褐色。前翅顶角特长，外缘呈弧形波状纹，后缘极短，从翅基出发具5条黑色断续的波状纹，中室呈黑褐色斑纹；后翅具3条明显的黑色斑纹，前缘橙黄色，后缘浅黄色。以上基色和斑纹常有变化，或明显或模糊，静止时从侧面看形似枯叶。

分布：山西、天津、甘肃、河北、河南、黑龙江、山东、陕西；国外分布于朝鲜、俄罗斯、日本及欧洲等。

寄主：苹果、李、杏、梨、桃、杨、柳、栎、海棠等。

生活史：每年发生2～3代。

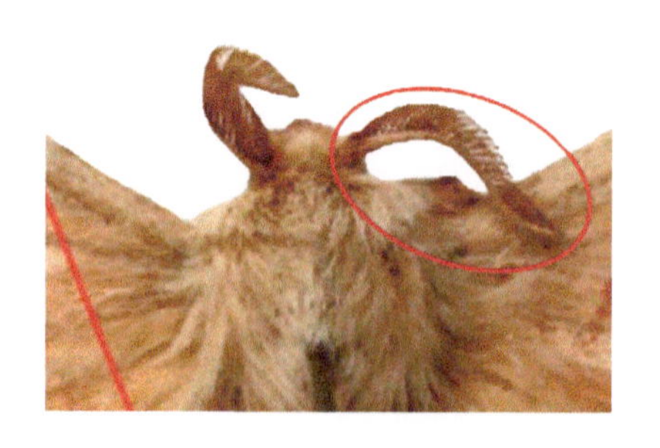

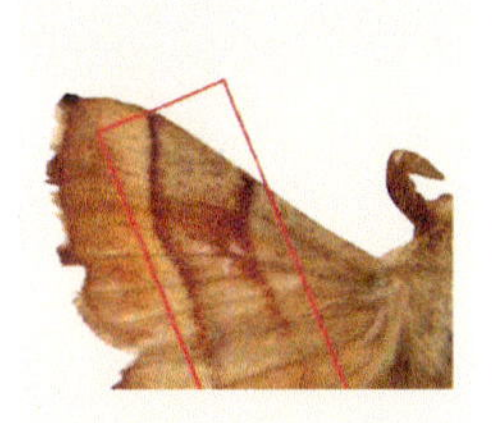

危害：以幼虫取食叶片，严重时可将叶片吃光。1 ～ 2 龄幼虫群集取食，将叶片吃成缺刻或孔洞，3 龄以后分散为害。

防治方法：【物理防治】人工清理树皮缝捕杀越冬幼虫；人工剪除虫茧，摘除卵块。成虫有趋光性，设置杀虫灯诱杀成虫。【化学防治】防治幼虫可按商品推荐浓度喷施灭幼脲Ⅲ号、阿维菌素、苦参碱等，或喷施灭虫灵乳油、杀螟松乳油等。【生物防治】保护寄生蝇、寄生蜂、鸟类等天敌。

白薯天蛾

Agrius convolvuli (Linnaeus, 1758)

翅长 45.0 ～ 50.0mm。体、翅暗褐色，肩板具黑色纵线。前翅内、中、外横带各为 2 条深棕色的尖锯齿线，顶角具黑色斜纹。后翅具 4 条暗褐色横带，缘毛白色及暗褐色相杂。前翅反面灰褐色，缘毛黑、灰、白三色相间。腹部背面灰色，两侧各节有白、红、黑 3 条横纹。

分布：全国广布；国外分布于朝鲜、俄罗斯、日本、印度及欧洲、非洲。

寄主：甘薯、牵牛花、旋花，以及扁豆、赤小豆等。

生活史：每年发生 1 ～ 2 代，以蛹在土室中越冬，越

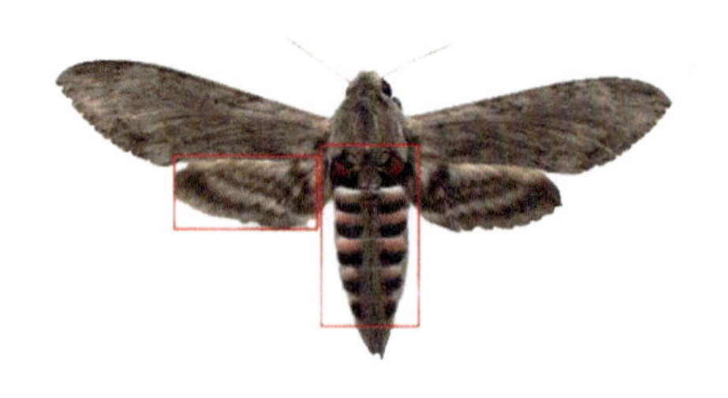

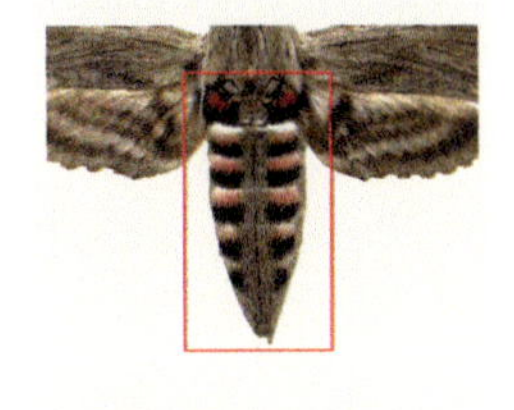

冬蛹在 6 ～ 7 月羽化。

危害：取食旋花科、茄科和豆科等林木植物的叶片。

防治方法：【林业措施】进行林下清杂，压低虫口基数。冬季加强清理林地内的杂草、落叶、枯枝，修剪掉落的枝条。【检疫措施】加强苗木引进的检测工作，切断虫源传播。【物理防治】羽化盛期在树林带旁燃烧柴草诱杀成虫，或设置诱虫灯杀灭成虫。【化学防治】危害严重时，喷洒杀虫剂苦参碱或应用化学烟剂烟碱防治。

红天蛾

Deilephila elpenor (Linnaeus, 1758)

翅长 25.0 ～ 35.0mm。体、翅为红色，具黄绿色闪光。头部两侧及背部具 2 条纵行红色带，腹部背线红色，两侧黄绿色，外侧红色。前翅基部黑色，前缘及外横线、亚外缘线、外缘和缘毛均为暗红色。外横线近顶角较细，向后渐粗。中室具 1 个小白点。后翅红色，近基部黑色。翅反面颜色鲜艳，前缘黄色。

分布：山西、天津、福建、贵州、河北、湖北、湖南、吉林、江苏、江西、山东、四川、浙江、台湾；国外分布于朝鲜、日本等。

寄主：柳、油松、忍冬、凤仙花、柳兰、千屈菜、葡萄、蓬子菜。

生活史：每年发生2代，幼虫于7、9月各出现一次，以蛹在浅土层中的丝与土粒粘连的粗茧中越冬。成虫傍晚活动，飞翔迅速。卵单产于嫩梢或叶片端部。初孵幼虫黑色，尾角细长。

危害：幼虫危害植物枝梢或叶片，造成叶片缺刻或孔洞。

防治方法：【检疫措施】加强检疫，阻止对内传播。【物理防治】利用成虫具有趋光性的特点，用黑光灯或频振灯进行灯光诱集；可人工剪除虫茧，摘除卵块。【化学防治】幼虫可喷施灭幼脲Ⅲ号2000～3000倍液、2%阿维菌素乳油1000～1500倍液、6%苦参碱1000～1500倍液等。

白肩天蛾

Rhagastis mongoliana (Butler, 1876)

翅长 23.0 ～ 30.0mm。体、翅褐色头部及肩板两侧白色。触角棕黄色。胸部后缘两侧具橙黄色毛丛。下唇须第 1 节具 1 坑为鳞片盖满。前翅中部具不甚明显的茶褐色横带，近外缘呈灰褐色，后缘近基部白色。后翅茶褐色，近后角具黄褐色斑。

分布：天津、福建、广东、广西、贵州、海南、河北、河南、黑龙江、湖南、吉林、江苏、辽宁、内蒙古、山西、台湾、浙江；国外分布于朝鲜、日本、俄罗斯等。

寄主：桑、葡萄、乌蔹莓、凤仙花、伏牛花、小檗、绣球花。

生活史：不详。

危害：以幼虫取食寄主叶片，初龄幼虫常将叶片食成缺刻与孔洞，稍大后则危害叶片成光秃，或仅留叶柄或部分粗叶脉，严重影响与树势。

防治方法：【物理防治】做好铲根除蛹，压低越冬代虫口基数；加强苗木引进的检测工作，切断虫源传播，冬季加强清理果园林地的杂草、落叶、枯枝、落果和修剪掉落的枝

条。羽化盛期可在树林旁燃烧杂草诱杀成虫。灯光诱 杀成虫。【生物防治】可自制诱捕器，加入洗衣粉水的白青天蛾性引诱剂，装入矿泉水瓶中诱杀成虫。

蓝目天蛾

Smerinthus planus (Walker, 1856)

翅长 40.0 ~ 50.0mm。体、翅灰黄色至淡褐色。胸部背面中央褐色。前翅基部灰黄色，中外线间呈前后2块深褐色斑。中室端具1条“丁”字形浅纹，外横线呈2条深褐色波状纹，外缘自顶角以下颜色较深。后翅淡黄褐色，中央具1个深蓝色大眼斑，周围黑色，蓝目斑上方为粉红色。后翅反面眼状斑不明显。

分布：山西、天津、安徽、福建、甘肃、河北、河南、黑龙江、湖北、吉林、江苏、江西、辽宁、内蒙古、宁夏、山东、陕西、云南、浙江；国外分布于朝鲜、日本、俄罗斯等。

寄主：杨、柳、桃、樱桃、苹果、梨、李、沙果、海棠、

梅花等。

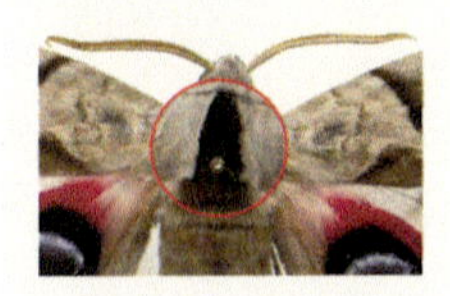

生活史：不详。

危害：幼虫对寄主植物产生危害，将叶子吃成缺刻甚至吃光，仅留光枝。

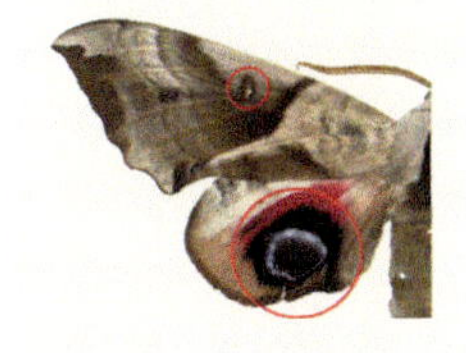

防治方法：【物理防治】蓝目天蛾具有趋光性，可采用杀虫灯诱杀成虫。人工做好铲根除蛹，压低越冬代虫口基数。加强苗木引进的检测工作，切断虫源传播，冬季加强清理果园林地内的杂草、落叶、枯枝、落果和修剪掉落的枝条。【生物防治】通过性引诱剂可诱捕成虫。

枣桃六点天蛾

Marumba gaschkewitschi (Bremer et Grey, 1853)

翅长 40.0 ～ 55.5mm。体、翅黄褐色至灰紫褐色。前胸背板棕黄色，胸部及腹部背线棕色，腹部各节间具棕色横环。前翅具 4 条深褐色波状横带，近外缘部分黑褐色，后缘近后角处具 1 个黑斑。后翅枯黄至粉红色，外缘略呈褐色，近臀角处具 2 个黑斑。前翅反面自基部至中室呈粉红色，后翅反面呈灰褐色。

分布：山西、北京、陕西、内蒙古、天津、河北、河南、湖北、江苏、山东、陕西；国外分布于俄罗斯、蒙古。

寄主：桃、枣、苹果、李、樱桃、梨、杏、枇杷、海棠。

生活史：不详。

危害：危害枣树时，以幼虫啃食枣叶危害。幼虫体形 大、食量多，常逐枝吃光叶片，只留下脱落性枝，严重时可吃尽全树叶片，之后转移为害。

防治方法：【物理防治】

充分利用枣桃六点天蛾的强趋光性，采用杀虫灯诱杀成虫，可收

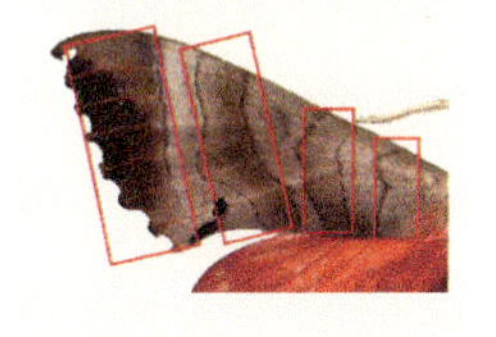

到良好的治虫效果。幼虫为害期间，地表常有粗大虫粪粒，易于识别检查，可根据树下虫粪搜寻捕杀幼虫，可以大大降低田间虫口密度。老熟幼虫入土化蛹时地表有较大的孔，两旁泥土松起，可循孔人工挖除杀灭，减少下代虫量。【化学防治】利用枣桃六点天蛾雌成虫释放性激素吸引雄成虫交尾的特性，开发枣桃六点天蛾性诱剂，诱杀雄成虫。发生严重时，可在3龄幼虫之前喷洒25%灭幼脲Ⅲ号悬浮剂1500倍液或2%阿维菌素乳油2000～3000倍液1～2次，效果较好。

【生物防治】绒茧蜂对枣桃六点天蛾第2代幼虫的寄生率很高，1头幼虫可繁殖数十头绒茧蜂，其茧在叶片上呈棉絮状，应注意保护，必要时可进行人工繁育释放。

榆绿天蛾

Callambulyx tatarinovi (Bremer et Grey, 1853)

成虫体长 32mm 左右。胸背部深绿色，侧面有浅绿色三角形斑。腹背部绿色，每腹节有条黄白色线纹。翅面粉绿色，有云纹斑。前翅前缘顶角有个三角形深绿色大斑,后缘中部有块褐色斑。后翅红色，后缘角有墨绿色斑，外缘浅绿色。幼虫绿色型老熟幼虫体长约 80mm，鲜绿色。头部有散生小白点，背中线赤褐色，两侧有白线。腹部两侧有白色斜线纹，白斜线纹两侧为赤褐色细线纹。尾角赤褐色，有白色颗粒。

分布：山西、北京、陕西、甘肃、宁夏、新疆、内蒙古、东北、河北、河南、山东、上海、浙江、福建、湖北、湖南、四川、西藏；国外分布于日本、朝鲜、俄罗斯、蒙古。

寄主：榆树、杨树、柳树、槐树、桑树等。

生活史：1 年 2 代，以蛹在土壤中越冬，翌年 5 月始见成虫，6 ~ 7 月为羽化高峰，卵散产在叶片背面，6 月上中旬见卵及幼虫。

危害：6 ~ 9 月为幼虫危害期，以幼虫蚕食寄主叶片。

防治方法：【林业措施】对发生地进行林地改造、人为对林分进行更新以改变生境。【检疫措施】加强苗木引进的检测工作，切断虫源传播，根据虫害发生期进行监测预报。对寄主植物调运时，进行植物检疫。【物理防治】冬季可在树木周围耙土、翻地、杀死越冬蛹。利用幼虫受惊掉落的习性，在幼虫发生期将其击落；利用成虫趋光性，在成虫发生期用黑光灯、频振式杀虫灯诱杀成虫。【化学防治】对于3～4龄前的幼虫，按商品建议浓度喷洒除虫脲，2.5%溴氰菊酯2500～5000倍液；在树体周围地面喷洒50%辛硫磷1000倍液来毒杀虫蛹。【生物防治】保护螳螂、胡蜂、益鸟等，以控制虫口密度。

杨二尾舟蛾

Cerura menciana Moore, 1877

体长 28.0 ~ 30.0mm，翅展 75.0 ~ 80.0mm。体灰白色。下唇须黑色。头和胸部灰白略带紫色。胸背具 10 个黑点对称排列成 4 纵队。前翅基具 2 个黑点，翅面具数排锯齿状黑色波纹，外缘具 8 个黑点。后翅白色，外缘具 7 个白点。

分布： 除新疆、贵州和广西尚无记录外，几乎遍布全国；国外主要分布于朝鲜、日本、越南、俄罗斯。

寄主： 多种杨、柳。

生活史： 1 年 2 代。以幼虫吐丝结茧化蛹越冬。第 1 代成虫五月中下旬出现。幼虫 6 月上旬为害；第 2 代成虫七月上中旬，幼虫 7 月下旬至 8 月初发生。每雌产卵在 130 ~ 400 粒。卵散产于叶面上，每叶 1 ~ 3 粒。初产时暗绿色，

渐变为赤褐色。初孵幼虫体黑色，老熟后成紫褐色或绿褐色，体较透明。幼虫活泼，受惊时尾突翻出红色管状物，并左右摆动。老熟幼虫爬至树干基部，咬破树皮和木质部吐丝结成坚实硬茧，紧贴树干，其颜色与树皮相近。以幼虫在树干咬破树皮，用木质碎屑吐丝粘连在一起，于啃咬凹陷处结茧化蛹越冬。成虫有趋光性。

危害：危害杨、柳树叶被啃食后，光合作用受到破坏，影响树木的生长，严重的将导致树木死亡。

防治方法：【物理防治】利用成虫的趋光性，可在成虫盛发期设置黑光灯诱杀成虫；人工翻耕土壤灭蛹，清理落叶等；大部分舟蛾幼虫初龄阶段有群集性，可将虫枝剪下或振落消灭。【化学防治】发生盛期用45%丙溴辛硫磷的1000倍液，或20%氰戊菊酯1500倍液加上5.7%的甲维盐 2000 倍液组合喷杀幼虫，可连用 1 ～ 2 次，间隔 7 ～ 10 天。

【生物防治】保护和利用天敌，幼虫期天敌有绒茧蜂，预蛹期天敌有啄木鸟，蛹期天敌有金小蜂。

杨扇舟蛾

Clostera anachoreta (Denis et Schiffermüller, 1775)

体长 13.0 ～ 20.0mm，翅展 28.0 ～ 42.0mm。虫体灰褐色。头顶具 1 个椭圆形黑斑。前翅灰褐色，具灰白色横带 4 条，前翅顶角处具 1 个暗褐色三角形大斑。外线前半段横过顶角斑，呈斜伸的双齿形曲。亚端线由 1 列脉间黑点组成，其中以 2 ～ 3 脉间一点较大而显著。后翅灰白色，中间具 1 条横线。

分布：全国广布；国外主要分布于朝鲜、日本、印度、斯里兰卡、印度尼西亚、越南及欧洲。

寄主：多种杨、柳。

生活史：杨扇舟蛾 1 年可发生 2 ～ 3 代，成虫都是昼伏夜出，多数栖息于叶的背面，成虫具有一定的趋光性。每年的 4 月下旬越冬代的成虫开始活动并且进行产卵，在 5 月的中旬幼虫开始进行孵化。

危害：在幼虫期靠蚕食杨树、柳树的叶片为生，在最为严重时可将全部的叶片吃光，严重地危害了树木的生长。

防治方法：【物理防治】人工物理防治，通过人工来收集掉落的叶子或者对土壤进行翻耕作业，以此来减少越冬蛹的数量，在成虫羽化的密集期可以采用杀虫灯来进行诱杀，这样可以降低下一代的虫口密度；可以组织人工进行摘除虫苞和卵块的作业，以此来消灭大量的幼虫；也可在幼虫受惊后开始吐丝下垂时，通过震动树干的方式来捕杀下落的幼虫。

【生物防治】天敌赤眼蜂防治，在危害程度中度以下发生的林分，在卵期时可以释放赤眼蜂；也可将蛹收集到一起在置于纱网袋中，等天敌羽化后在释放到林内；利用天敌防治杨舟蛾更加有利于环境的保护，也对人类的健康比较有益。

刺槐掌舟蛾

Phalera grotei Moore, 1860

体长 29.0 ～ 43.0mm，翅展 62.0 ～ 102.0m。下唇须黄褐色，额暗褐色到黑褐色，触角基毛簇和头顶白色。前翅顶角斑暗棕色掌形，斑内缘弧形平滑，外缘锯齿状。内、外线之间具 4 条不清晰的暗褐色波浪形横线。肾形的横脉纹和中室内环纹灰白色。后翅暗褐色，隐约可见 1 条模糊的浅色外带。

分布：山西、天津、安徽、北京、福建、广东、广西、贵州、海南、河北、湖北、湖南、江苏、江西、辽宁、山东、四川、云南、浙江；国外主要分布于朝鲜、印度、尼泊尔、缅甸、越南、印度尼西亚、马来西亚。

寄主：刺槐、刺桐。

生活史：1 年发生 1 代，以蛹在土中越冬。翌年 6 月中旬出现成虫、卵，6 月中旬末出现幼虫，7 月上中旬羽化产卵盛期，7 月中旬开始化蛹，9 月中旬结束。

危害：近年来对部分刺槐林危害成灾，发生严重时能将刺槐植株叶片蚕食殆尽，严重影响树林的正常生长。

防治方法：【物理防治】组织人工捉老熟幼虫，冬春挖蛹。【化学防治】幼虫 3 龄前喷 50% 辛硫磷 800 ～ 1000 倍稀释液或 2.5% 敌杀死乳油 3000 倍液。【生物防治】保护利用各种天敌，对抑制害虫种群数量有重要作用。

灰羽舟蛾

Pterostoma griseum (Bremer, 1861)

翅展 52.0 ～ 68.0mm。头和胸部褐黄色，颈板边缘较暗。前翅灰褐色，后缘具 1 个锈灰褐色斑。基线、内线和外线双股锯齿形。后翅灰褐色，基部和后缘浅黄色，外线为 1 条模糊灰色带，端线由脉间黑色细线组成。腹部背面灰黄褐色，末端和臀毛簇浅黄白色。腹面浅灰黄色，中央具 2 条暗褐色纵线。

分布：山西、河北、陕西、四川、天津、北京、甘肃、黑龙江、吉林、内蒙古、云南；国外主要分布于朝鲜、俄罗斯、日本。

寄主：山杨、朝鲜槐、苹果、杏。

生活史：1 年发生 1 代，以蛹在土中越冬。翌年 7 月成虫羽化。7 ～ 8 月为幼虫为害期，秋季老熟幼虫入土化蛹越冬。成虫多在夜间羽化，以雨后的黎明羽化最多。白天隐藏在树冠内或杂草丛中。夜间活动，趋光性强。羽化后数小时至数日后交尾，交尾后 1 ～ 3 天产卵。卵产在叶背面，常数十粒或百余粒集成卵块，排列整齐。卵期 6 ～ 13 天。卵孵化后幼虫先群居叶片背面，头向叶缘排列成行，由叶缘向内蚕食

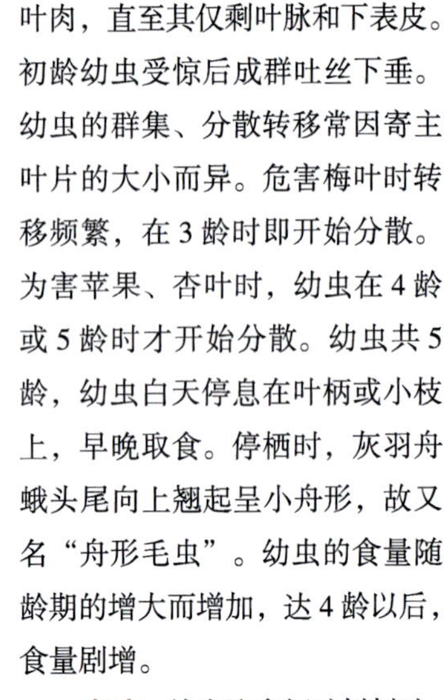

叶肉，直至其仅剩叶脉和下表皮。初龄幼虫受惊后成群吐丝下垂。幼虫的群集、分散转移常因寄主叶片的大小而异。危害梅叶时转移频繁，在 3 龄时即开始分散。为害苹果、杏叶时，幼虫在 4 龄或 5 龄时才开始分散。幼虫共 5 龄，幼虫白天停息在叶柄或小枝上，早晚取食。停栖时，灰羽舟蛾头尾向上翘起呈小舟形，故又名“舟形毛虫”。幼虫的食量随龄期的增大而增加，达 4 龄以后，食量剧增。

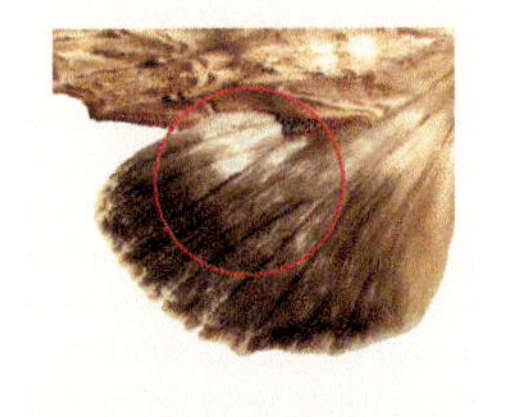

危害：幼虫取食阔叶树树叶，常发生在森林、防护林、行道树和苗圃，部分危害果树和竹林。

防治方法：【物理防治】加强生态管理，提高树体抗虫能力；清除枯枝烂叶，破坏灰羽舟蛾化蛹场所；及时修剪，销毁剪下的枝条和叶片，除去灰

羽舟蛾喜欢取食的嫩叶；结合施底肥，通过给树木根际的土壤翻土破坏化蛹场所，或者培土 5 ～ 6 厘米高，防止成虫羽化；施足底肥，生长期将有机肥和无机肥结合施用，增强抗虫害能力，但应控制氮肥的施用，多施磷、钾肥，增强树势；人工摘除卵块，结合秋冬及早春林地的管理措施；利用幼虫的群集性及假死性，发现后将叶片剪下。用木棍等敲打树体，待幼虫吐丝下垂或坠地假死时，捡起放入上述水盆中；根据成虫的趋光性，在成虫高发期，悬挂佳多频振式杀虫灯诱杀，能很好地减少下代的虫口基数。【化学防治】放入水盆（加洗衣粉或药剂）中，淹死幼虫。【生物防治】充分利用自然天敌、生物制剂及性信息素。

榆白边舟蛾

Nerice davidi Oberthür, 1881

体长 14.5 ～ 20 mm；翅展雄性 32.5 ～ 42 mm、雌性 37 ～ 45 mm。头和胸部背面暗褐色，翅基片灰白色。腹部灰褐色。前翅前半部暗灰褐色带棕色，其后方边缘黑色，沿中室下缘纵伸在 Cu2 脉中央稍下方呈一大齿形曲。后半部灰褐色蒙有一层灰白色，尤与前半部分界处白色显著。前缘外半部有一灰白色纺锤形影状斑。内、外线黑色，内线只有后半段较可见，并在中室中央下方膨大成一近圆形的斑点。外线锯齿形，只有前、后段可见，前段横过前缘灰白斑中央，后段紧接分界线齿形曲的尖端内侧。外线内侧隐约可见 1 模糊暗褐色横带。前缘近翅顶处有 2 ～ 3 个黑色小斜点。端线细，暗褐色。后翅灰褐色，具 1 模糊的暗色外带。

分布：山西、北京、陕西、甘肃、黑龙江、吉林、河北、河南、内蒙古、山东、江苏、江西、天津；国外分布于日本、朝鲜、俄罗斯。

寄主：榆等。

生活史：1年1代，以蛹越冬。成虫具趋光性。幼虫取食榆叶片。

危害：幼虫对寄主植物叶片进行取食，常发生在林地。

防治方法：【物理防治】成虫期设置杀虫灯诱杀成虫。【化学防治】50%马拉硫磷1500倍液喷雾防治成虫和幼虫。

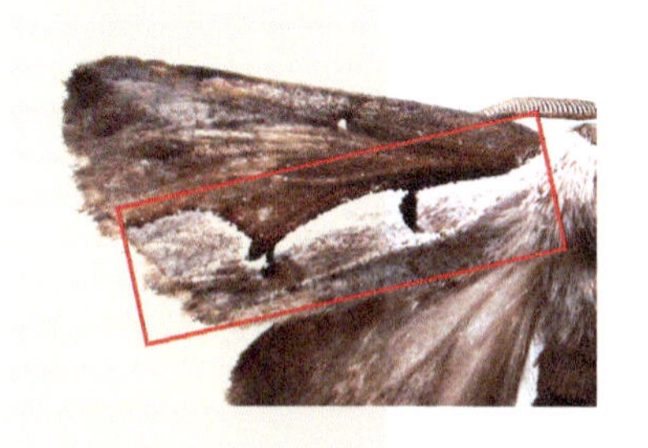

栎纷舟蛾

Fentonia ocypete (Bremer, 1861)

翅展 44 ~ 52mm。体灰褐色。前翅颜色有变化，有些个体带暗红褐色，内线双线，暗褐色，波浪形。外线黑褐色双线平行，呈大弧形，后段常呈锯齿形，外线内侧常具黑褐色眼状斑，有时不显，或颜色浅。

分布：山西、北京、陕西、甘肃、东北、河北、河南、浙江、江西、福建、湖北、湖南、广西、四川、贵州、云南；国外分布于日本、朝鲜、俄罗斯。

寄主：辽东栎、蒙古栎、麻栎、桦、椴、山杨、山榆、柳、板栗、核桃、苹果、梨、 山杏等。

生活史：不详。

危害：以幼虫取食树叶为主要破坏方式，栎纷舟蛾暴发高峰常取食整株树叶，导致树木失去光合能力，生长衰弱，最终枝条干枯。

防治方法：【检疫措施】根据虫害发生期进行监测预报；调运寄主植物时，对寄主进行植物检疫。【物理防治】对发生地进行林地改造、人为对林分进行更新以改变生境。冬季翻耕可有效降低栎纷舟蛾土中越冬蛹的成活率，从而降低第2年虫口密度。利用冬闲季节及早春采集蛹，集中焚烧。成虫期可使用灯诱电击法、灯诱水淹法。【化学防治】幼虫下树期可喷施触杀性杀虫广谱性农药。幼虫期可拉炮烟雾防治、喷烟机防治、超低量喷雾防治。【生物防治】赤眼蜂是栎纷舟蛾卵期寄生蜂，寄生率达60%左右，防治时间选在蜂卵相遇时放蜂。根据发生程度确定放蜂次数和放蜂量。放蜂点连续设置，各点间距10～15m，防止阳光直射。

舞毒蛾

Lymantria dispar (Linnaeus, 1758)

雌雄异型。雄性体长约20.0mm，翅展40.0～75.0mm。前翅茶褐色，斑纹黑褐色，基部具黑褐色点。中室中央具1个黑点，横脉纹弯月形，内线、中线波浪形折曲，外线和亚端线锯齿形折曲，亚端线以外颜色较深。雌性体长约25.0mm，翅展50.0～80.0mm。前翅灰白色，每2条脉纹间具1个黑褐色点。后翅黄棕色，雌性横脉纹和亚端线棕色，端线为1列棕色小点。腹末具黄褐色毛丛。

分布：山西、陕西、天津、甘肃、贵州、河北、河南、黑龙江、吉林、江苏、辽宁、内蒙古、宁夏、青海、山东、四川、新疆、台湾；国外主要分布于朝鲜、俄罗斯、日本及欧洲。

寄主：栎、山杨、柳、桦、槭、鹅耳枥、山毛榉、杏、稠李、柿、稻、麦类等。

生活史：1年发生1代，以卵块在石缝、树皮、土地的缝隙过冬，翌年4月下旬至5月上旬开始孵化出幼虫，孵化后集中在原来的卵块上，当地气温上升时开始吃树芽、叶片。

舞毒蛾幼虫分5龄，共45天，2龄以后藏在树叶、树皮缝、树下石堆里，黄昏后出来取食。幼虫舞毒蛾被惊动后会吐出下垂的丝，具有很强迁移性。6月中旬逐渐老熟，开始结茧化蛹，6月下旬至7月上旬是舞毒蛾化蛹的高峰期，蛹期为10～14天。成虫6月底逐渐羽化，7月中下旬达化羽最盛，雌蛾羽化后对雄蛾的引诱力增强。舞毒蛾具有较强的趋光性，飞翔能力强，成群飞舞在林中，交尾后，雌蛾在树干、主枝、树洞、树下石堆里产卵。幼虫食物越充足，雌蛾产卵越多，反之越少，一头雌蛾的平均产卵量一般在400～1200粒。

危害：主要以幼虫取食植物叶片，有时也啃食果实皮部，轻中度发生时造成植物叶片受

损，严重发生时常将叶片吃光，使植物生长受阻，甚至造成植株死亡。

防治方法：【物理防治】加强森林管护，保持生态多样性，减少对林下资源的破坏。秋冬和早春时，可采用人工摘除卵块集中烧毁的方法将舞毒蛾消灭，源头上减少舞毒蛾的发生；摘除卵块时，应注意轻拿轻放，不要让卵块掉地碎裂。树干附近如果有成虫和卵块，也应及时清除。舞毒蛾具有较强的趋光性，可利用其这一习性在林间安装杀虫灯来诱杀舞毒蛾，特别是成虫羽化期。【化学防治】利用性诱剂防治，舞毒蛾雌蛾可释放引诱同种雄蛾交配的性信息素，因此，在林间放置舞毒蛾性诱剂可诱集舞毒蛾雄蛾，并能干扰雌蛾交配，有利于减少下一代卵量。农药防治是见效最快的手段，在幼虫 3 ～ 4 龄开始分散取食前，喷洒 450 ～ 600mL/hm^2 的 20% 灭幼脲Ⅲ号，舞毒蛾虫害不是很严重时应谨慎使用。【生物防治】引进食虫鸟类、天敌昆虫等来捕食舞毒蛾。常见的舞毒蛾捕食天敌有缘喙蝽、中华金星步甲、红足喙蝽等。卵期可引入的天敌为舞毒蛾卵平腹小蜂和其他类别的卵寄生小蜂；幼虫期可引入松叶绒茧蜂、蜂姬、毒蜂绒茧蜂等。

盗毒蛾

Porthesia similis (Fuessly, 1775)

体长 14.0 ～ 20.0mm，翅展 30.0 ～ 40.0mm。触角干白色，栉齿棕黄色。下唇须白色，外侧黑褐色。头、胸、腹部基部白色微带黄色。前、后翅白色。前翅后缘具 2 个褐色斑，有的个体内侧褐色斑不明显。前、后翅反面白色，前翅前缘黑褐色。

分布：山西、天津、福建、甘肃、广西、河北、河南、黑龙江、湖北、湖南、吉林、江苏、江西、辽宁、内蒙古、青海、山东、四川、浙江、台湾；国外主要分布于朝鲜、俄罗斯、日本及欧洲。

寄主：柳、杨、桦、榛、山毛榉、栎、李、山楂、枣、苹果、桑、石楠、黄檗、樱桃、刺槐、桃、梅、杏、泡桐等。

生活史：1 年发生 2 ～ 3 代，以 2 ～ 4 龄幼虫在果树（苹果树、枣树）主干老翘皮、枝干缝隙和枯叶间结薄茧越冬，老翘皮处居多，多群居。翌年 3 月下旬至 4 月上旬果树发芽时越冬幼虫破茧而出，转移至顶芽、侧芽、嫩叶和叶片上取食为害。4 月下旬至 5 月上旬老熟幼虫在枝干缝隙或枝叶间缀叶化蛹，蛹期 10 ～ 15 天，5 月中下旬越冬代成虫进入羽

化盛期（从出蛰到羽化约60天，出蛰不整齐，龄期也不整齐），3天后进入产卵盛期。成虫多产卵于枝干或叶片背面，每个雌虫可产卵200～600粒，7月中下旬成虫进入产卵盛期；直到9月上中旬第2代成虫进入产卵盛期，9月下旬至10月上旬2～4龄幼虫进入越冬场所结茧越冬。

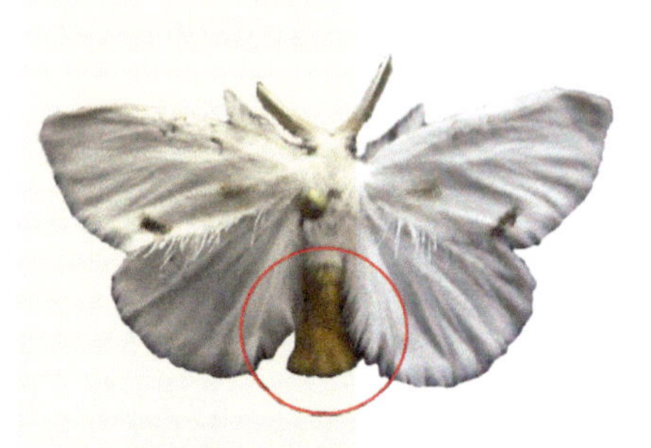

危害： 主要以幼虫取食嫩芽、嫩梢、嫩叶致害，初孵幼虫群集叶上取食叶肉，叶面出现块状透明斑。3龄后分散为害，形成叶片大缺刻，重者仅剩叶脉，叶面呈网格状，受害嫩芽多由外层向内剥食。该虫背披毒毛，人体接触毒毛后常引发皮肤炎症、瘙痒或局部疼痛，还有的造成淋巴发炎。据资料记载，毒毛能引起家蚕螫伤症和人

体皮炎，可随空气吸入人体内致严重中毒。

防治方法：【物理防治】树干绑草，秋季（9月上中旬）幼虫越冬前，在树干上绑草，诱集越冬幼虫，至翌年2月取下草环集中烧毁；休眠期防治，果树落叶后至翌年2月刮除果树老翘皮，清除园内枝叶，集中烧毁或深埋。摘除卵块，在成虫产卵盛期人工摘除卵块。灯光诱杀成虫，利用成虫的趋光性，在园内摆放黑光灯诱杀成虫，减少卵量和幼虫量。【化学防治】药剂防治，萌芽期（3月下旬）及成虫发生盛期（5月上中旬、7月上中旬、9月中下旬）后3～7天，低龄幼虫扩散为害前喷洒科诺千胜系列的Bt杀虫剂、桑毛虫多角体病毒，每毫升含15000颗粒的悬浮液，每667m^2喷20L，时间以每天下午至傍晚前后为宜。萌芽期防治效果最好，此期出蛰幼虫多集中于花芽和叶芽上，药物易喷到。

四斑绢野螟

Glyphodes quadrimaculalis (Bremer et Grey, 1853)

雌雄成虫胸部及腹部黑色，两侧白色。前翅黑色，有4个白斑，最外侧一个延伸成4个小白点。后翅白色有闪光，沿外缘有1圈黑色宽缘。

分布：山西、天津、陕西、宁夏、河南、湖北、云南、黑龙江、吉林、辽宁、河北、山东、浙江、福建、四川、贵州、广东。国外分布于俄罗斯、朝鲜、日本。

寄主：不详。

生活史：不详。

危害：幼虫危害多种草本类植物和小灌木。

防治方法：【物理防治】灯光诱杀成虫。人工捕杀，结合管护修剪。在危害期、越冬期摘除虫巢、虫苞，集中烧毁。【化学防治】做好虫情测报，适时用药，关键期在越冬幼虫出蛰期和第1代幼虫低龄阶段。喷洒2%阿维菌素乳油1000～1500倍液。【生物防治】利用、保护天敌。

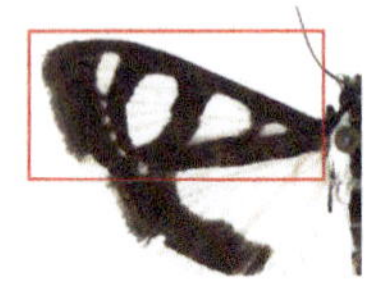

松褐卷蛾

Pandemis cinnamomeana (Treitschke, 1830)

翅展 17.5 ～ 22.5mm。额及头顶前方被白色鳞片，头顶后方被灰褐色粗糙鳞片。下唇须细长，约为复眼直径的 2 倍。前翅宽阔，前缘 1/3 隆起，其后平直，顶角近直角，外缘略斜直。前翅底色灰褐色，斑纹暗褐色，翅端部具横或斜短纹，基斑大。中带后半部略宽于前部，亚端纹小。后翅暗灰色，翅顶角略带黄白色。足灰白色，前足、中足胫节被灰褐色鳞片。

分布：山西、重庆、河北、河南、黑龙江、湖北、江西、陕西、四川、云南、天津、青海、湖南、浙江；国外分布于俄罗斯、朝鲜、韩国、日本及欧洲。

寄主：落叶松、柳、苹果、樱桃、桦、栎、苹果、梨。

生活史：在国内大部分地区 6 ～ 7 月间都可以采到成虫。

危害：对落叶松造成危害，造成部分受害针叶枯黄甚至死亡。

防治方法：【林业措施】与其他树种合理混交种植，改善林间环境。选择的造林树种要求优质、对病虫害的抵抗

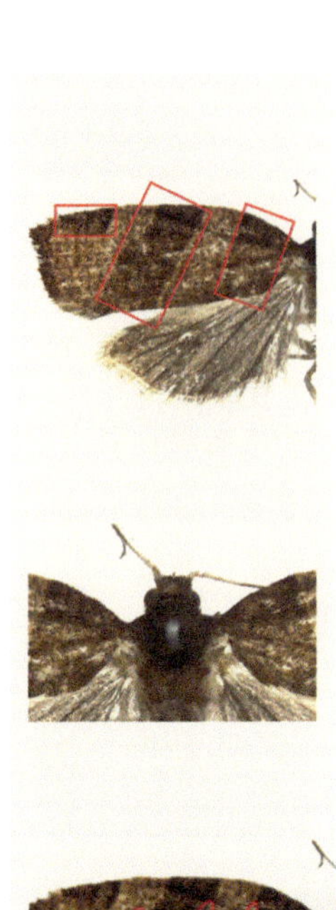

能力较强。加强林间防护。【物理防治】灯光诱杀成虫。【化学防治】1.2% 苦参碱烟剂 1 ~ 1.5kg/亩防治成、幼虫。

苹褐卷蛾

Pandemis heparana (Denis et Schiffermüller, 1775)

翅展16.5～26.5mm。头顶被灰褐色粗糙鳞片。下唇须细长。触角基部白色，其余灰白色。前翅中部前呈弧形拱起，之后平直，外缘较直。前翅灰褐色，斑纹由灰褐色和黄褐色鳞片组成。后翅灰褐色。腹面光滑，第2节最长。雄性外生殖器的爪形突较宽，基部有1对耳状突起。

分布：山西、天津、河北、黑龙江、青海、陕西。国外分布于俄罗斯、韩国、日本及欧洲。

寄主：山楂、苹果、梨、杏、桃、柳、榛、桑、栎、鼠李、黑榆等。

生活史：每年发生2～3代，以低龄幼虫在树干粗皮缝、剪锯口裂缝、死皮缝隙和疤痕等处做白色薄茧越冬。

危害：幼虫危害幼嫩的芽、叶、花蕾，常潜藏在卷叶内危害。

防治方法：【物理防治】在幼虫危害初期，人工摘除包裹着幼虫或蛹的受害叶片。利用成虫的趋光性，黑光灯诱杀成虫。【化学防治】选用高效低毒的生物制剂，如每毫升含 100 亿活孢子的 B.T 生物制剂的 800 倍液，6 月下旬重点防治第一代幼虫，降低第二代危害；或者使用 75% 辛硫磷乳油 1000 倍液，根据发生量连续喷施 2 ～ 3 次。【生物防治】保护利用天敌，释放赤眼蜂降低危害。

油松毛虫

Dendrolimus tabulaeformis Tsai et Liu, 1962

体长 20.0 ～ 30.0mm，翅展 45.0 ～ 75.0mm。触角鞭节淡黄色或褐色，栉枝褐色。前翅花纹较清楚，中线内侧和齿状外线外侧具 1 条浅色纹，颇似双重。中室端白点小，可识别。亚外缘斑列内侧棕色，斑列常为 9 个组成，第 7、8、9 三斑斜列。雄性亚外缘斑列内侧呈浅色斑纹。

分布：山西、天津、北京、甘肃、河北、辽宁、内蒙古、山东、陕西、河南、四川、重庆、贵州。

寄主：油松、赤松、马尾松、樟子松、华山松、白皮松。

生活史：1 年 1 代。在幼虫时期，油松毛虫就会在树的根基或者树皮周围潜伏，在冬季期间油松毛虫会藏匿在朽枝或落叶层下，并在第二年的 4 月份上旬开始频繁活动。幼虫活动于 6 月份下旬时期，羽化成虫于 7 月份上旬或中旬。

危害：在杂草灌丛中大部分都是 2 ～ 3 龄的油

松毛虫，它们在树下腐殖层内过冬，在第 2 年的 4 月上旬左右，油松毛虫就会对树木产生危害，它们对针叶为主进行取食，会对树木的成长产生直接影响，甚至会将整株树叶片吃光，在经历过油松毛虫危害之后，树木像火烧状。

防治方法：【林业措施】在实际开展油松毛虫防治工作期间，可以从营林措施方面入手，对纯松林进行大力改造，并且将生态建设与工程林相结合，营造针阔混交林。【物理防治】在树基周围，以及枯枝落叶层附近集中大量的幼虫，就是越冬幼虫活动的开始阶段，这个时候采取防治措施是最简单、有效的，可以对这些油松毛虫进行集中治理，使上树后的虫口密度有所降低。7 月份为油松毛虫的成虫期，这个时候可以根据油松毛虫的趋光性，利用黑光灯，对其进行诱杀，这也是有效降低虫口密度的重要措施之一。【化学防治】25% 马拉硫磷、25% 辛硫磷、25% 对硫磷或 25% 杀螟松微胶囊剂均可，用量 2500 ～ 3750mL/hm^2。

黄褐天幕毛虫

Malacosoma neustria testacea (Motschulsky, 1860)

雄成虫体长10～15mm，翅展长为20～30mm。触角羽毛状，全体淡黄褐色。前翅中央有2条深褐色的细横线，两线间的部分色较深，呈褐色宽带，宽带内外侧均衬以淡色斑纹。后翅中部有1条褐色横线，缘毛褐灰色相间。雌成虫体长15～20毫米，翅展长30～40毫米，体翅褐黄色，腹部色较深，前翅中央有1条镶有米黄色细边的赤褐色宽横带。触角栉齿状。

分布：山西、天津、安徽、福建、甘肃、河北、北京、黑龙江、湖北、湖南、江苏、江西、辽宁、内蒙古、宁夏、青海、山东、陕西、新疆、云南等；国外分布于日本、朝鲜、俄罗斯及欧洲。

寄主：山杏、红叶李、苹果、梨、山楂、杏、桃、月季、沙果、杨、柳、榆等。

生活史：1 年 1 代。

危害：老熟幼虫取食量大，有时达到一定程度种群密度，整株树叶被吃光，导致树木死亡，再转移到其他树上继续危害。

防治方法：【物理防治】在 7 月上旬到中旬成虫期，利用成虫具有趋光性的特点，用黑光灯或频振灯进行灯光诱集。在每年的 10 月下旬至翌年 4 月上旬黄褐天幕毛虫的卵期，集中人力，利用人工修剪幼、中龄林时，剪掉树枝上的卵块，然后集中烧毁。【化学防治】在 5 月中旬至 6 月上旬黄褐天幕毛虫幼虫 3 龄前结网幕群集为害时期，可以利用生物农药或仿生制剂，如阿维菌素、森得保、灭幼脲、苦参碱等无公害药剂进行防治。【生物防治】利用天敌，在卵期释放卵寄生蜂、幼虫期释放舞毒蛾黑卵蜂寄生幼虫，保护天幕毛虫抱寄蝇、柞蚕饰腹寄蝇等，或在幼虫期利用核型多角体病毒喷雾，幼虫 3 ～ 4 龄时防治效果较好。

棉铃虫

Helicoverpa armigera (Hübner, 1808)

体长 15.0 ～ 20.0mm，翅展 31.0 ～ 40.0mm。雌性赤褐色至灰褐色，雄性青灰色。复眼球形，绿色。前翅外横线外具深灰色宽带，带上具 7 个小白点，肾纹、环纹暗褐色。后翅灰白，沿外缘具黑褐色宽带，宽带中央具 2 个相连的白斑，前缘具 1 个月牙形褐色斑。

分布：国内广布；世界广布。

寄主：棉、玉米、小麦、大豆、烟草、番茄、辣椒、茄、芝麻、向日葵、南瓜等。

生活史：棉铃虫在关帝林区 1 年发生 3 代，有世代重叠现象，老熟幼虫在疏松土壤或在田埂向阳面的地下 3 ～ 5cm

处化蛹，翌年5月上中旬陆续羽化出土。成蛾白天隐蔽，夜间活动、产卵，具有较强趋光性和趋化性。卵散产于植株顶部和上部叶片，卵初产时乳白色，有光泽，后呈现淡黄色，快孵化时顶部有紫黑圈。初孵幼虫灰黑色，有食卵壳习性，然后取食嫩叶，稍大后危害蕾铃。1龄、2龄幼虫食量小，3龄、4龄、5龄食量大增，且有自相残杀习性；6龄进入预蛹期，食量明显减少，初化蛹时体呈黄白色或浅绿色，体壁渐由软变硬，体色最终呈亮褐色。

危害：棉花幼虫咬食植物叶片，形成亮天窗和边缘较为圆滑的孔洞；钻蛀蕾、花，形成张口蕾和无效花；钻蛀幼铃和青铃，形成落铃和烂铃，进而造成棉花

减产，同时污染棉花品质。棉铃虫有翅能飞，迁飞能力极强，故易使作物受害成灾。

防治方法：【物理防治】对老龄幼虫多且防治不当而种植面积较小的地块，可采取人工捕捉加以补救。整枝灭卵，棉铃虫喜把卵产在顶心嫩叶及幼蕾苞叶上，7 月结合林地管理、打顶整枝，将带卵的嫩叶、苞叶带出，可消灭部分虫卵，降低虫口基数。利用棉铃虫趋性诱杀，开展杨枝把、性诱剂、高压杀虫灯等物理诱杀工作。秋翻冬灌灭蛹，棉铃虫以蛹在土壤中越冬，采取秋翻冬灌措施可松动土壤，打乱土层，破坏蛹室，大幅度降低越冬蛹存活率，降低虫口基数。

白钩蛱蝶

Polygonia c-album (Linnaeus, 1758)

翅展 49 ～ 55mm。白钩蛱蝶成虫有春型、夏型和秋型之分。春型翅面黄褐色，夏型色艳体大，秋型翅略带红色；翅反面秋型为黑褐色；双翅外缘的角突顶端春型稍尖，秋型则浑圆；后翅反面均有“L”形银色纹，秋型颜色鲜艳。

分布：全国各地均有分布；国外分布于蒙古、朝鲜、日本、印度、尼泊尔、不丹及欧洲。

寄主：主要危害榆科植物，也危害黄麻、朴、榉木、忍冬等，多以悬蛹固定在植物植株上越冬。

生活史：1 年发生 3 代。

危害：幼虫为典型的咀嚼式口器，幼虫大量取食寄生叶片，呈暴发式扩散。成虫吸食树液、花和腐败水果。

防治方法：一般不需特别防治，若发生严重影响生产可按下法调控种群。【物理防治】加强预测预报。在造林时，合理规划种植密度，减少对白钩蛱蝶成虫的吸引，降低白钩蛱蝶成虫的产卵量从而降低白钩蛱蝶幼虫孵化量。在榆树树体休眠期，人工进行白钩蛱蝶越冬蛹的摘除，并进行

集中销毁。也可结合榆树的整枝和修剪将发生白钩蛱蝶幼虫危害的枝条全部剪除，集中外运消灭。【化学防治】在幼虫孵化后至3龄幼虫的发生期，喷施50%马拉硫磷乳油1200倍液，可有效杀死白钩蛱蝶的幼虫，达到很好的防治效果。【生物防治】保护和利用白钩蛱蝶的天敌昆虫进行生物防治，异色瓢虫的成虫及幼虫，能捕食白钩蛱蝶幼虫，可有效发挥异色瓢虫对白钩蛱蝶幼虫的自然控制作用，达到无公害防治的目的。

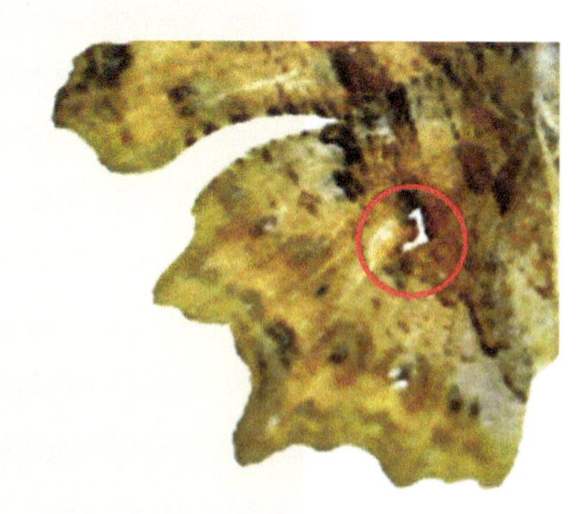

灿福蛱蝶

Fabriciana adippe Denis et Schiffermüller, 1775

成虫翅面橙黄色，布黑色斑纹和斑点。雄性前翅有2条线状性标，分别着生于CuA_1脉、CuA_2脉上，前翅中室内有4条弯曲的线纹，中室外侧有一不规则波曲的黑色斑列，亚缘区有1列6枚黑圆斑；雌性翅正面色淡，翅反面顶角有若干银斑，基部银斑大而清楚，外纹有较宽的银色斑。

分布：山西、黑龙江、吉林、青海、宁夏、陕西、河南、山东、河北、北京、辽宁、甘肃、江苏、湖北、江西、四川、贵州、云南、西藏等地均有分布；国外分布于俄罗斯、朝鲜、日本、中亚。

寄主：堇菜科植物。

生活史：1年1代，成虫多见于5～8月。

危害：幼虫取食植物叶片，对寄主植物造成危害。

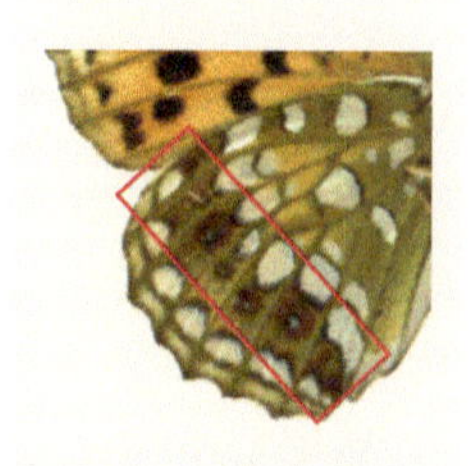

10mm

防治方法：灿福蛱蝶既是观赏性昆虫又是害虫，仅在其种群基数大、危害严重时，可适当喷洒20%杀灭菌酯乳油3000～5000倍液降低危害程度；作为观赏性和传粉性昆虫，需保护其寄主植物，提供栖息环境。

紫闪蛱蝶

Apatura iris (Linnaeus, 1758)

成虫翅正面黑色。前翅顶角有2个小白斑，中室外及下方分别分布有3～5个白斑。后翅中部列有1条中室端部显著尖出的白色横带，cu1室内有1黑色眼斑，外围棕色眶。翅腹面呈棕褐色，前翅中室有4个黑点，前翅白斑与翅正面相同，cu1室内有1黑色蓝瞳眼斑。后翅腹面cu1室内有1黑色蓝瞳眼斑，较前翅腹面眼斑略小。

分布：华北地区、西北地区、东北地区、华中地区、西南地区等；国外分布于朝鲜、日本及欧洲。

寄主：杨、柳等杨柳科植物。

生活史：1年1代，成虫多见于6～7月。

10mm

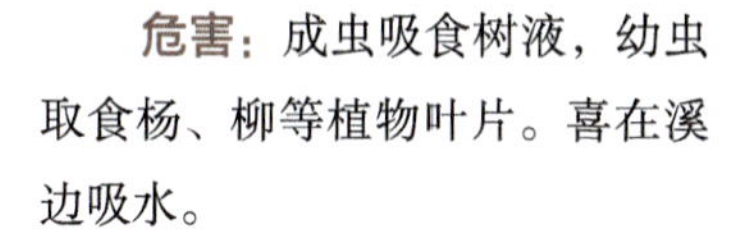

危害：成虫吸食树液，幼虫取食杨、柳等植物叶片。喜在溪边吸水。

防治方法：一般不需防治，若发生 严重可采取化学防治。

【化学防治】尽量选择在低龄幼虫期防治，用 45% 丙溴辛硫磷 1000 倍液或（20% 氰戊菊酯）1500 倍液 + 乐克（5.7% 甲维盐）2000 倍混合液，40% 啶虫青（必治）1500 ～ 2000 倍喷杀，可连用 1 ～ 2 天，间隔 7 ～ 10 天再用。

10mm

柳紫闪蛱蝶

Apatura ilia (Denis et Schiffermüller, 1775)

成虫翅正面棕褐色。前翅顶角有2个小白斑，中室外及下方分别分布有5、3个白斑，前翅中室有4个黑点，cu1室内有1黑色眼斑，外围棕色眶；后翅中部列有1条无显著突出的白色横带，cu1室内有1黑色眼斑，外围棕色眶。腹面翅呈黄褐色，腹面特征与正面相同，斑点较正面明显。

分布：黑龙江、辽宁、吉林、河北、甘肃、青海、山西、陕西、新疆、山东、河南、浙江、江苏、福建、四川、云南；国外分布于朝鲜及欧洲等。

寄主：柳树等植物。

生活史：南京地区成虫1年3代，以幼虫越冬，成虫3月始见。

危害：幼虫从柳叶边缘取食，叶痕为半圆形。

防治方法：在发生数量不多的情况下可以不防治，严重发生区可以结合防治其他害虫进行兼治。【化学防治】喷施2.5%联苯菊酯水乳剂800～1000倍液，3%甲维盐微乳剂4000～6000倍液或4.5%高效氯氟氰菊酯乳油1500～2000

倍液。【生物防治】采用300亿孢子/g球孢白僵菌可湿性粉剂1000～1200倍液或8000Iu/mL苏云金杆菌悬浮剂150～200倍喷雾。

扬眉线蛱蝶

Limenitis helmanni Lederer, 1853

成虫翅面黑褐色。前翅中室有1近端部中断的眉状白斑，端部向前尖出，翅中部有1列白斑，前翅中部有1横向分布的白斑，呈弧形弯曲；后翅中横带呈带状分布，翅边缘波浪状。腹面观，翅面红褐色，翅面斑点与正面相近，后翅基部蓝灰色基域内分布有黑点。

分布：山西、陕西、甘肃、河南、青海、新疆、浙江、黑龙江、河北、四川等地均有分布；国外分布于俄罗斯、朝鲜、日本。

寄主：忍冬科植物。

生活史：1年1代，成虫多见于6～8月。

危害：幼虫取食寄主植物叶片，影响植物生长发育。

防治方法：发生数量不多可以不防治，若发生重可和其他虫害兼治。【物理防治】人工摘除附有虫卵的枝叶，幼虫和蛹集中杀灭。【化学防治】喷施4.5%高效氯氟氰菊酯乳油1500～2000倍液杀灭成、幼虫。【生物防治】利用天敌防治减少虫口密度。保护寄蝇等天敌，控制种群数量。

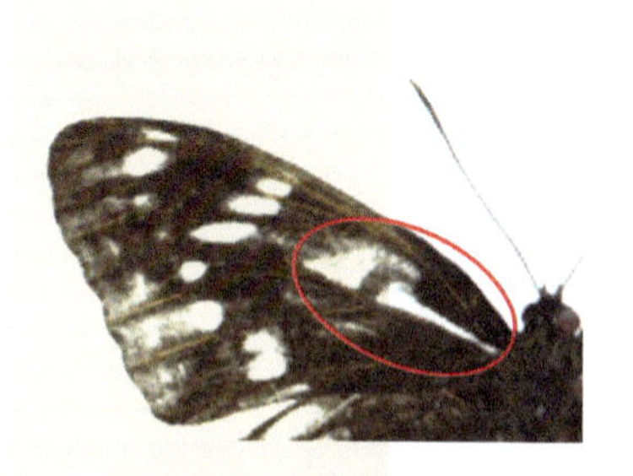

黑脉蛱蝶

Hestina assimilis (Linnaeus, 1758)

成虫翅面白灰色，脉纹黑色，清晰可见。成虫翅面淡绿色，翅脉及翅脉两侧黑色，前翅有多条黑色横纹，后翅亚外缘后半部有 4 ～ 5 个红色斑点。

分布：山西、河北、黑龙江、陕西、山东、河南、云南、四川、浙江、福建等；国外分布于朝鲜、日本。

寄主：朴树等榆科朴属植物。

生活史：1 年 2 代（在南京地区 1 年发生 3 代）。

危害：朴树等榆科朴属植物。

防治方法：在南京 1 年发生 3 代，尤以第 3 代数量最大，

因此时幼虫期发生量较大，对朴树具一定危害，可考虑在1～3龄间予以适当防治。第1代与越冬代对寄主植物均处于有虫无害的状态，且该蝶种色彩鲜艳，具有一定的观赏开发价值。保护其最适的生境，并在合理控制其发生数量的基础上，加以充分利用。【物理防治】可以人工捕捉成虫，摘除有卵枝叶，捕捉幼虫和蛹集中杀灭。【化学防治】3%甲维盐微乳剂4000～6000倍液杀灭幼虫。

单环蛱蝶

Neptis rivularis (Scopoli, 1763)

成虫翅正面黑色。前翅正面分布有白色斑，前翅正面中室条窄，分成4段；后翅除了一条中横带之外，无白色外带；后翅棕褐色，斑点白色，后翅亚基条明显，基域内无黑点。

分布：山西、河北、内蒙古、青海、陕西、北京；国外分布于日本、蒙古、俄罗斯及中欧等。

寄主：豆科、榆科、蔷薇科植物。

生活史：成虫多见于6～8月。

危害：成虫吸食植物及成熟果实的汁液，幼虫取食寄主植物叶片。

防治方法：一般不需防治，若发生重可以与其他害虫

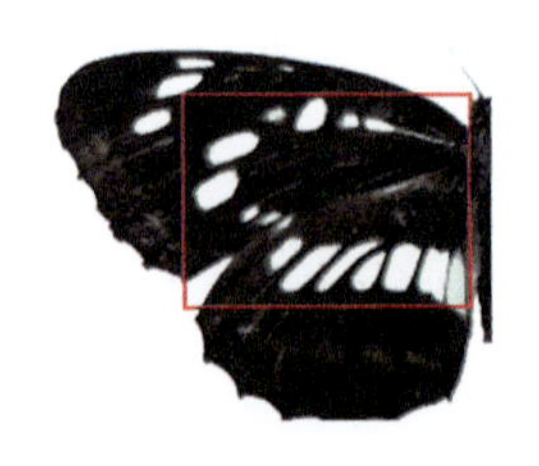

兼治。【物理防治】定期实施防虫活动，植物密集区域可选择人工除虫方式除虫。【化学防治】喷施2.5%联苯菊酯水乳剂800～1000倍液杀灭成、幼虫。【生物防治】饲养天敌并释放以起到天敌灭虫的作用。

重环蛱蝶

Neptis alwina (Bremer et Grey, 1852)

成虫翅展 58 ～ 72mm。成虫翅正面呈黑色；前翅顶角有 1 个小白斑，中室内有一箭状纹；后翅中带略直，亚外缘斑纹状似“M”。成虫翅腹面呈棕色，斑纹与正面一致。

分布： 山西、浙江、北京、黑龙江、宁夏、甘肃、河南、山东、陕西、湖北、贵州、云南等；国外分布于俄罗斯、蒙古、朝鲜、日本。

寄主： 桃、梅、李、杏等蔷薇科桃属、梨属植物。

生活史： 1 年 1 代，以幼虫越冬。

危害： 幼虫取食李、梅、桃、杏等植物叶片。

防治方法：一般不防治，若危害生产可按如下方法治理。【物理防治】人工捕捉成虫，摘除有卵、幼虫和蛹的枝、叶。【化学防治】喷施 4.5% 高效氯氟氰菊酯乳油 1500～2000 倍液毒杀成、幼虫。【生物防治】在寄主植物周围饲养天敌鸟类，保护寄生性天敌，或用 8000Iu/mL 苏云金杆菌悬浮剂 150 ～ 200 倍液喷雾防治幼虫。

夜迷蛱蝶

Mimathyma nycteis (Ménétriès, 1859)

成虫翅正面呈黑色。前翅中室内有1箭状纹，中室外围有6～7个呈弧形排列的较大的白斑，顶角处有3个相邻的小白斑；后翅中部1列大白斑呈带状分布，后翅亚缘另有1列白点与外缘平行分布。翅腹面呈黄褐色。前翅中室内有2～4个黑点，其余白斑与翅正面分布相同；后翅有1条基带，亚缘带内侧有数个小白点。

分布：山西、黑龙江、辽宁、陕西、河南、河北及华北、东北、西北；国外分布于俄罗斯、朝鲜。

寄主：榆科榆属植物如家榆、春榆、大果榆等。

生活史：1年1代，发生期为5～7月。

危害：幼虫取食寄主植物叶片。

防治方法：一般不需要防治。确需防治与其他害虫兼治。【物理防治】人工捕捉成虫，摘除卵、幼虫和蛹集中杀灭。【化学防治】喷洒 20% 杀灭菌酯乳油 2000 倍液防治成、幼虫。【生物防治】保护鸟类天敌和寄蝇等天敌，控制蝶类数量，或用 8000Iu/mL 苏云金杆菌悬浮剂 150 ～ 200 倍液喷雾防治幼虫。

小赭弄蝶

Ochlodes venata (Bremer et Grey, 1858)

翅展 28 ~ 35mm。体黑，腹面有黄色绒毛。雄蝶翅正面黄褐色，翅背面颜色较正面轻。正面黄褐色，反面黄褐色发绿，前翅外缘有宽褐色带，前翅近顶角有 3 个相连的黄斑，其后有 2 个黄色点斑；翅基半部黄色，有 1 斜行黑色性斑；后翅大部分黑褐色，中室黄色前后翅均有不透明的连续的黄白色中横带。

分布：山西、黑龙江、吉林、山东、河南、河北、北京、辽宁、新疆、浙江、陕西、甘肃、四川、西藏、江西、福建；国外分布于俄罗斯、蒙古、朝鲜、日本。

寄主：禾本科植物。

生活史：1 年 1 代，成虫多见于 6 月。

危害：幼虫取食禾本科植物。

防治方法：一般不做防治，危害严重可采取以下措施。【物理防治】人工摘除幼虫和蛹，集中杀灭。【化学防治】抓住幼虫低龄期喷药防治，可用 25% 喹硫磷乳油 800 ～ 1000 倍液，或 20% 杀灭菌酯乳油 2000 倍液喷杀，有较好效果。【生物防治】保护害虫天敌，控制蝶群规模和虫体数量。

黑弄蝶

Daimio tethys (Ménétriès, 1857)

翅黑色。前翅顶角 3 个小白斑。中域有 5 个白斑，中室斑最大；后翅正面中域有 1 白色横带，外缘有黑色圆点；后翅腹面翅基部密布白色绒毛，中间白色横带外缘有数个小圆点。

分布：山西、北京、天津、广东、贵州、西藏、上海、江苏、安徽、黑龙江、吉林、辽宁、河北、山东、甘肃、陕西、河南、浙江、湖北、湖南、江西、福建、海南、台湾、四川、云南；国外分布于朝鲜、日本、缅甸。

寄主：薯蓣科植物。

生活史：1 年多代，成虫多见于 3 ～ 11 月。

危害：幼虫取食山药、薯蓣等寄主植物叶片。

防治方法：一般不做防治，生产中危害严重可采取以下方法除治。【物理防治】人工捕杀成虫，摘除虫卵、幼虫和蛹，杀死幼虫或蛹。【化学防治】使用无污染、无公害的药剂如4.5%高效氯氰氰菊酯乳油1500～2000倍液杀灭成虫和幼虫。【生物防治】保护害虫天敌，或用8000Iu/mL的苏云金标菌悬乳剂150～200倍液防治幼虫。

尖钩粉蝶

Gonepteryx mahaguru (Gistel, 1857)

成虫翅展 50 ～ 63mm。前翅顶角呈锐状钩突，前后翅中室内有 1 橙色小圆斑；前后翅的中室里有 1 个橙色的圆斑；后翅的内缘呈波浪状，内缘中部锐尖。

分布：山西、东北、河北、浙江、四川、北京、河南、西藏、台湾等全国各地均有分布；国外分布于朝鲜、日本等。

寄主：东北鼠李、金刚鼠李等鼠李属植物。

生活史：1 年 1 代。成虫 6 ～ 7 月羽化，以成虫越冬，翌年春天开始活动。

危害：成虫访花吸蜜，幼虫取食植物叶片。

防治方法：一般不防治，如需防治也多与他种害虫兼治。【物理防治】采用人工技术捕杀虫卵、幼虫、蛹和成虫。【化学防治】在幼虫危害期使用绿色化学药剂进行化学防治。用 2.5% 溴氰菊酯 2000 倍液喷雾，用氧化乐果与敌敌畏 1 ∶ 1 混合后，稀释 800 ～ 1000 倍液喷雾防治效果好。

绢粉蝶

Aporia crataegi (Linnaeus, 1758)

翅面白色，略染黄色；翅脉黑褐色，清晰可见。翅白色发黄，翅脉黑褐色。翅面无斑纹，仅前翅外缘脉端呈现灰暗色三角形斑。

分布：山西、北京、黑龙江、辽宁、甘肃、陕西、河南、浙江、安徽、四川等；国外分布于俄罗斯、朝鲜、日本。

寄主：食性较杂，主要危害苹果、梨、杏、沙果、桃、李、海棠、山楂、榆树、杨树、桦树、山柳、山丁子、榆叶梅等果树及阔叶树。

生活史：1 年 1 代。以幼虫越冬。

危害：幼虫群集共同织巢过冬，翌年寄主发芽时取食植物嫩叶，也危害花器和幼果，严重危害经济林生产。

防治方法：【物理防治】加强预测预报，抓好防治最

佳时期的同时，通过合理剪枝、清理林下枯落物、林木混栽等林木管理措施，也可以很好地预防大发生。此外，通过破坏幼虫越冬场所，也可在一定程度上降低虫口密度。绢粉蝶老熟幼虫有假死习性，可人工捕杀。【化学防治】在幼虫开始活动或者夏季幼虫开始孵化的时候采用化学农药进行防治，用5%马拉硫磷或45%丙溴辛硫磷1000倍液喷洒防治幼虫。【生物防治】利用幼虫期天敌白绒茧蜂、蛹期天敌蝶蛹金小蜂等以及鸟类和微生物白僵菌。

斑缘豆粉蝶

Colias erate (Esper, 1805)

成虫翅展 33 ~ 54mm。成虫翅黄色。正面观，前翅外缘有宽阔黑色区域，内有黄色纹，中室有黑色斑点；后翅中室一大一小呈黄色斑点并列，外缘分布有 1 列黑色斑点。腹面观，前翅中室黑色斑点中有一白色斑，后翅中室端斑点银白色。

分布：国内均有分布；国外分布于朝鲜、日本、印度、俄罗斯及欧洲。

寄主：苜蓿等草本植物及大豆等农作物。

生活史：山西省内 1 年 1 代，以蛹越冬。

危害：成虫通常将卵单产于寄主叶片表面。幼虫啃食叶肉，叶片呈窗斑状。3 龄后进入暴食期，叶片缺刻或形成

孔洞，严重时叶片全部被吃光，仅剩叶柄。

防治方法：【物理防治】人工捕捉成虫，摘除卵、幼虫和蛹集中杀灭。【化学防治】喷洒20% 氰戊菊酯乳油防治幼虫和成虫。【生物防治】用 8000Iu/mL 苏云金杆菌悬浮剂 150 ～ 200 倍液喷雾防治幼虫。

云粉蝶

Pontia edusa (Fabricius, 1777)

成虫翅白色。翅正面斑黑色，前翅顶角及亚顶端的斑较大且相连，中室端黑斑中有浅色线。翅反面斑淡绿色，前翅腹面斑纹与正面相同，后翅分布有大面积圆形且相连的绿色斑点，占翅面大半面积。

分布：山西、西藏、新疆、青海、甘肃、宁夏、陕西、河南、河北、山东、黑龙江、辽宁、江西、浙江、广东、广西；国外分布于俄罗斯及非洲北部、中亚、西亚等。

寄主：十字花科植物及木樨草属、旗杆芥属、欧白芥属、亭芥属植物。

生活史：在山西一年发生多代，以蛹越冬，成虫多见于4～10月。

危害：成虫访花，幼虫取食十字花科植物的叶片。

防治方法：一般不需要防治，若严重发生影响到生产可按下列方法。【物理防治】人工捕捉成虫，摘除寄主上的卵、幼虫，摘除其他非寄主植物上的蛹。越冬期林下翻耕，杀灭部分越冬蛹，降低虫口基数。【化学防治】50% 辛硫磷乳油 1000 倍液，20% 三唑磷乳油 700 倍液喷洒杀灭幼虫和成虫。【生物防治】Bt 乳剂或青虫菌 VI 号液剂 500 ～ 800 倍液喷施防治幼虫。

柑橘凤蝶

Papilio xuthus Linnaeus, 1767

成虫翅绿黄色，沿翅脉分布有黑色带。前翅近三角形，外缘略波浪状，中室端有2个较大黑斑，中室基部4～5条黑色纵纹；前翅亚缘区有与外缘平行的1列近月牙形斑，共8枚；后翅M3脉处有1尾突；后翅亚缘具1列月牙形斑，共6个；中横带外侧具1列蓝紫色斑，外缘不清晰，臀角处具1橘红色圆斑，中间分布有1黑色小斑点。翅反面斑纹与正面基本一致。

分布：除新疆外，中国各省均有分布；国外分布于朝鲜、日本、缅甸、印度、马来西亚及菲律宾。

寄主：幼虫寡食性，在中国北方地区主要危害芸香科植物，如柑橘、花椒、食茱萸、黄檗等。成虫的蜜源植物主要有马利筋、八宝景天、猫薄荷、马樱丹、醉蝶花等。

生活史：1年2～3代，以蛹越冬。

危害：幼虫取食寄主叶片，随着龄期增加，食量增大，5龄进入暴食期。低龄幼虫偏食嫩叶，4、5龄取食老叶，分散取食。

防治方法：柑橘凤蝶既是观赏昆虫又是经济植物柑橘的害虫。作为观赏性昆虫，是适宜于规模饲养、深层开发的蝶种之一。【物理防治】作为害虫在发生期可通过人工捕捉成、幼虫和蛹，摘除卵，降低种群基数可有效控制翌年对柑橘的危害。【化学防治】40%敌·马乳油1500倍液或40%菊杀乳油1000～1500倍液，或10%溴·马乳油2000倍液，或45%马拉硫磷乳油1000～1500倍液于幼虫期喷洒防治。

小红珠绢蝶

Parnassius nomion (Fischer von valdheim, 1823)

成虫翅白色，翅末端发黑。正面观，前翅中室端及中室内部有2个较大的黑色斑点，后缘有1中心为红色的黑色围斑；后翅基部具红斑，前缘及翅中部各有1中心为白色的红斑，外围黑色，翅基部及内缘分布有呈黑色不规则宽带。翅反面似正面，在后翅翅基部和内缘宽带上嵌有6个红色小斑点。

分布：山西、北京、吉林、黑龙江、新疆、河北、辽宁、内蒙古、青海；国外分布于俄罗斯、蒙古、哈萨克斯坦。

寄主：景天科和罂粟科植物。

生活史：1年1代，成虫多见于7～8月。

危害：幼虫取食植物叶片。

管理措施：应从保护生物多样性的高度来加强对小红

珠绢蝶栖息地的保护，保护其寄主植物，为其生存提供良好的环境。

米艳苔蛾

Asura megala Hampson,1900

翅展 26.0 ～ 40.0mm。翅面赭黄色至赭色。前翅前缘黑边，亚基点黑色，中室端具 1 个黑点，亚端线具 1 列黑点，M2 脉上的黑点距端部远，M3 脉下方的点列斜置。

分布：山西、天津、北京、甘肃、河北、陕西、山东、河南、湖北、四川。

寄主：不详。

生活史：不详。

危害：幼虫取食寄主植物叶片，造成叶片缺刻或孔洞。

防治方法：【林业措施】树种合理组合搭配，形成不

同隔离带，限制害虫扩散传播，避免营造大面积纯林，造成树种单一，林相单纯。林地深翻管理、人工清除重灾区的虫源等，可有效降低下一代或翌年害虫种群发生基数，减轻害虫危害程度。【物理防治】主要利用佳多频振式杀虫灯诱杀，同时起到监测作用。【化学防治】发生期喷洒 50% 马拉硫磷 1000 ～ 1500 倍液或用烟碱烟剂防治。【生物防治】释放赤眼蜂、啮小蜂等寄生性天敌，人工挂鸟巢招引鸟类和喷洒 Bt 或青虫菌等生物或仿生制剂。

明痣苔蛾

Stigmatophora micans (Bremer et Grey, 1852)

翅展 32.0 ～ 42.0mm。体、翅灰白色，头、颈板、腹部染橙黄色。前翅前缘和端线区橙黄色，前缘基部黑边，亚基点黑色，内线斜置 3 个黑点，外线为 1 列黑点，亚端线为 1 列黑点；后翅端线区橙黄色，翅顶下方具 2 个黑色亚端点，有时 CuA2 脉下方具 2 个黑点；前翅反面中央散布黑点。

分布：山西、陕西、天津、甘肃、河北、山东、湖北、河南、黑龙江、江苏、辽宁、四川；国外主要分布于朝鲜。

寄主：不详。

生活史：不详。

危害：该虫取食植物叶片。

防治方法：【林业措施】树种合理组合搭配，形成不同隔离带，限制害虫扩散传播，避免营造大面积纯林，造成树种单一，林相单纯。林地深翻管理、人工清除重灾区的虫源等，可有效降低下一代或翌年害虫种群发生基数，减轻害虫危害程度。【物理防治】主要利用佳多频振式杀虫灯诱杀，同时起到监测作用。【化学防治】发生期喷洒0.5%苦参碱水剂2000倍液，或50%马拉硫磷1000倍液，或1.8%阿维菌素乳油1000倍液，或用1.2%苦参碱烟剂防治。【生物防治】释放赤眼蜂、啮小蜂等寄生性天敌、人工挂鸟巢招引鸟类和喷洒Bt或青虫菌VI号500倍液。

绿芫菁

Lytta caraganae (Pallas, 1781)

体长 11 ～ 21mm，全身绿色，有紫色金属光泽，有些个体鞘翅有金绿色光泽。额前部中央有 1 橘红色小斑纹。触角念珠状，约为体长 1/3。鞘翅具皱状刻点，凸凹不平。中足腿节基部腹面具 1 个尖齿。

分布：山西、北京、安徽、甘肃、河北、河南、黑龙江、湖北、吉林、江苏、江西、辽宁、内蒙古、宁夏、山东；国外分布于日本、朝鲜、俄罗斯。

寄主：刺槐、沙棘、槐、花生、黄芪。

生活史：1 年 1 代，以幼虫或假蛹在土中越冬。

危害：成虫主要啃食危害白蜡、复叶槭、杨树、柳树、榆树、沙棘、沙枣、盐豆木和苹果等树种叶片，以及其他草本植物。

防治方法：【物理防治】利用成虫的群集性和假死性可采用捕捉方法，消灭成虫。设置诱虫灯诱杀成虫，减少成虫来源。秋翻、春灌可改变老熟幼虫生活环境，降低虫源。【化学防治】可用2%杀螟松粉剂，每公顷用量35.0kg来杀灭成虫，或喷施50%辛硫磷乳油1000倍液杀灭成虫，也可使用药剂拌土施于表土中杀虫。【生物防治】利用天敌捕食卵、成虫和幼虫，如蚂蚁捕食该虫卵，同时加强保护鸟类；利用白僵菌进行生物防治。

榆绿毛萤叶甲

Pyrrhalta aenescens (Fairmaire, 1878)

体长 7 ~ 8 mm，长椭圆形，头部黄褐色，翅绿色，有金属光泽。头小，头顶有 1 个三角形黑斑。前胸背板上有 1 条倒葫芦形黑纹，两侧各有 1 椭圆形黑纹。鞘翅上各具明显隆起 2 条。雄虫腹面末端中央呈半圆形凹入，雌虫腹部末端呈马蹄形凹入。

分布：山西、天津、北京、甘肃、河北、河南、黑龙江、吉林、江苏、辽宁、内蒙古、山东、陕西、台湾；国外分布于韩国、日本、俄罗斯。

寄主：榆。

生活史：1 年 2 代，有世代重叠。均以成虫在落叶、屋檐、树皮裂缝、墙壁缝、土内、砖瓦下、杂草地等处越冬。

第 2 代成虫羽化后先进行取食，然后寻找适合的地方进行冬眠。

危害：成虫和幼虫均食叶，常将整株榆树的叶子吃光，仅留叶脉。

防治方法：【物理防治】人工捕捉虫体降低虫口基数。【化学防治】在第 1 代幼虫取食盛期，喷 1000 倍的 2% 噻虫啉或吡虫啉。

华北落叶松鞘蛾

Coleophora sinensis Yang, 1983

成虫约3mm。翅展在8.5mm左右。翅体以灰色为主，呈现绢丝光泽。成虫头部为圆球形，上鳞片与头壳紧贴一起，整体呈光滑状。触角为暗灰色，生长于前翅前缘中间部位，其长度小于前翅长度。复眼较为发达，没有单眼。胸部和腹部位置以灰色鳞片覆盖，足上长有小毛。径节部中部和尾部位置有大小两对称型长毛。在腹部的尾端，长有浅黄色鳞片丛，腹部背板有纵向的长方形薄片，薄片上有刺状物，雌性腹部末端刺片倒三角形，有丛生状的茸毛。交配囊的囊突部分呈“山”字形。雄性外生殖器的颚形明显、宽大，在阳基端有尖削状的边框和侧带，末端向上弯曲。

分布：山西、内蒙古、河北、河南、陕西。

寄主：华北落叶松。

生活史：在危害的大部分地区，每年发生1代，以幼虫在枝干等部位越冬。在不同地区，受温度等因素影响，从翌年4月中下旬开始至5月初阶段，幼虫开始在华北落叶松芽孢及嫩叶等位置取食，并随风迁移。在 5 月上旬左右开始化蛹，在随后 30 天左右进入化蛹高峰期。6 月为羽化及羽化盛期阶段。羽化完成后的成虫，在 2 ～ 3 天之后即开始交尾产卵，在 7 月上中旬阶段进入孵化阶段。孵化后的幼虫在破卵后开始在叶内潜食，自 9 月下旬开始越冬。

危害：在华北落叶松松林的不同位置，华北落叶松鞘蛾的分布存在差异。阳坡部位分布广，纯林的分布密度大，幼虫的危害盛期也是落叶松林的生长高峰期，对树高生长具有明显影响。华北落叶松鞘蛾危虫害后，轻则出现华北落叶松生长缓慢，重则新梢停止生长甚至整棵树枯死。出现大范围危害时，则会出现大面积针叶枯黄现象。

防治方法：【林业措施】科学合理的结合林地管理措施，增强树势。【物理防治】直接采用人工捕杀等方法来进行防治，在成虫羽化高峰期（6 月中旬）的晚上 8 时以后，在虫害区域放置黑光灯进行诱杀成虫。【化学防治】主要是采用

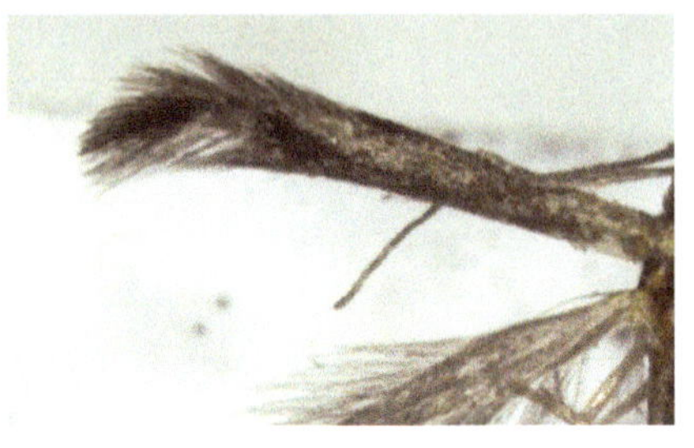

化学药剂进行喷洒或者熏杀的方法进行防治，熏杀时间一般在华北落叶松鞘蛾破茧羽化后的成虫期进行。【生物防治】主要通过在树上悬挂华北落叶松性诱剂来消灭华北落叶松鞘蛾破茧羽化后的雄性成虫，以此来减少成虫交配的数量。在虫害高发区增加林中益鸟数量，可提高防治率，使天敌蚂蚁寄生蜂人工迁移等，可提高防治水平。

靖远松叶蜂

Diprion jingyuanensis Xiao et Zhang, 1994

雌成虫体粗壮，长 10 ～ 12mm。翅展 25mm。头黑色，触角 21 ～ 23 节。翅痣前端黄色，后端黑色，黑色部分有白斑。足黑色，前足腿节、胫节、跗节为黄色。腹部黑色，背板 1 ～ 3、侧缘 8 及腹板 3 ～ 5 黄色。雄成虫黑色，体长 6 ～ 7mm，翅展 19mm。触角 23 节，除基部 2 节和端部 3 节为单栉齿状外，其余各节为双栉齿状。

分布：山西、甘肃。

寄主：油松、白皮松。

生活史：1 年 1 代，少数 2 年 1 代或有滞育。以茧内预蛹幼虫在枯枝落叶层下、杂草基部或其他地被物下越冬，

少量预蛹幼虫在树枝上结茧越冬。5月初开始化蛹，5月下旬至6月上旬为化蛹盛期，6月下旬至7月上旬为化蛹末期，蛹期25～45天。成虫于6月初开始羽化，6月下旬至7月上旬为羽化盛期，8月上旬为羽化末期。6月上旬至8月上旬有成虫产卵，高峰期7月中旬。6月下旬卵开始孵化为幼虫，7月下旬至8月上旬为卵孵化高峰期，3龄幼虫高峰期为8月上旬至9月上旬，11月上旬幼虫期结束。结茧初期8月下旬，10月底结茧结束，结茧期9～11月，11月至翌年4月以预蛹幼虫越冬。

危害：靖远松叶蜂是危害油松的暴发性食叶害虫，幼虫蠕动爬行，喜在林缘或树梢上群居集

中为害，食完一枝后再集体转移，严重时整株松树针叶可被全部吃光，状似火烧。

防治方法：【物理防治】幼虫期人工剪枝茧期采茧杀灭，可有效控制虫口密度。【化学防治】使用灭幼脲类、菊酯类、有机磷类和仿生农药类等，还可以采用施放烟剂等方法。7 ～ 8 月幼虫龄期较低时使用 2×10^8 孢子 /mL 浓度的白僵菌孢子液具有较好的防治效果。以每公顷 2.5kg 苏云金杆菌乳剂原液，喷洒防治松叶蜂幼虫效果明显。苦参烟碱杀虫剂对靖远松叶蜂防治效果较好。【生物防治】包括利用天敌和生物菌剂防治两个方面，天敌包括山雀、猎蝽和蜘蛛，茧期有金头螯寄蝇、黄毛金小蜂等，加以保护利用可有效降低虫口密度。

落叶松叶蜂

Pristiphora erichsonii (Hartig, 1837)

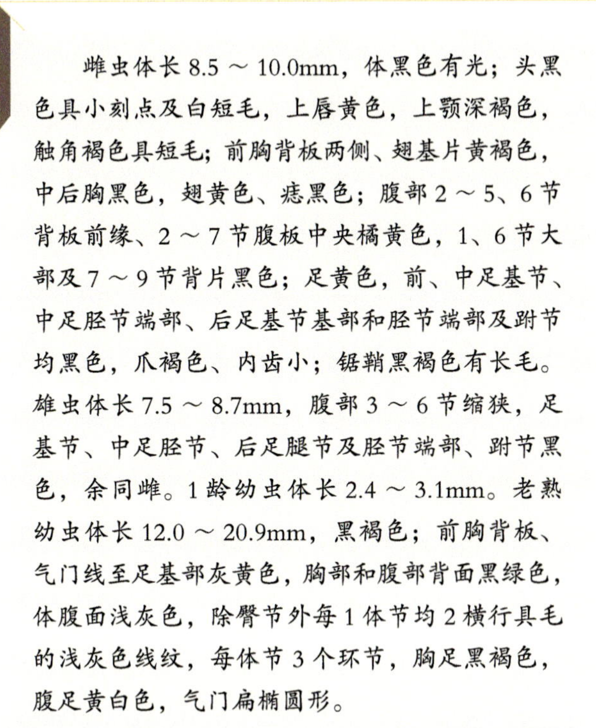

雌虫体长 8.5 ~ 10.0mm，体黑色有光；头黑色具小刻点及白短毛，上唇黄色，上颚深褐色，触角褐色具短毛；前胸背板两侧、翅基片黄褐色，中后胸黑色，翅黄色、痣黑色；腹部 2 ~ 5、6 节背板前缘、2 ~ 7 节腹板中央橘黄色，1、6 节大部及 7 ~ 9 节背片黑色；足黄色，前、中足基节、中足胫节端部、后足基节基部和胫节端部及跗节均黑色，爪褐色、内齿小；锯鞘黑褐色有长毛。雄虫体长 7.5 ~ 8.7mm，腹部 3 ~ 6 节缩狭，足基节、中足胫节、后足腿节及胫节端部、跗节黑色，余同雌。1 龄幼虫体长 2.4 ~ 3.1mm。老熟幼虫体长 12.0 ~ 20.9mm，黑褐色；前胸背板、气门线至足基部灰黄色，胸部和腹部背面黑绿色，体腹面浅灰色，除臀节外每 1 体节均 2 横行具毛的浅灰色线纹，每体节 3 个环节，胸足黑褐色，腹足黄白色，气门扁椭圆形。

分布：山西、陕西、甘肃；国外分布于朝鲜、俄罗斯及欧洲、北美洲。

寄主：落叶松。

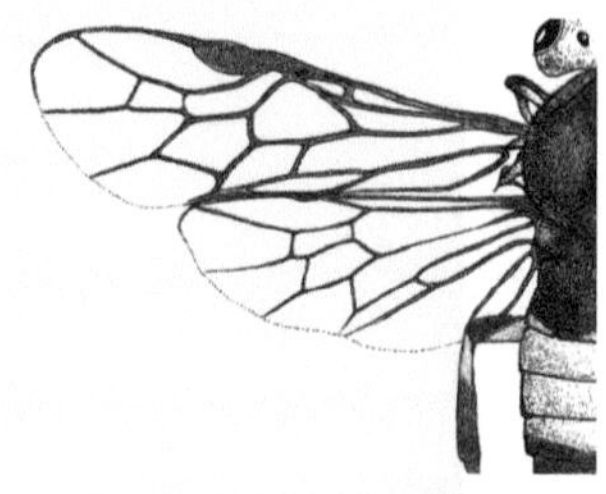

生活史：每年1代，老熟幼虫在枯枝落叶、石块以及土壤的缝隙中结茧越冬，到了第2年春天开始化蛹，蛹期持续的时间为18～30天。5月上旬，出现羽化高峰期，羽化为成虫后3～4小时就开始产卵，卵期的持续时间为10～20天。到了5月下旬，卵开始孵化成幼虫，幼虫分为5龄，5龄后，取食量明显减小，老熟幼虫转移到树下结茧休眠越冬。

危害：落叶松叶蜂对林木的危害主要在其产卵期，由于成虫通常以集聚产卵的方式在嫩枝的表层下方产卵，产卵的位置在嫩枝吸取养分的部位，导致新生树枝卷曲生长而枯萎，严重降低了林木的生长率。在落叶松叶蜂的幼虫期，幼虫不善活动，啃食附近新生的针叶，导致叶片枯萎，枝干枯死。随着幼虫逐渐增加，针叶被食光，幼虫的食量随着虫龄增长而增加，羽化后分散于林木之间啃食针叶，虫口的密度极大，平均一条嫩枝寄生 15 ~ 20 只幼虫。

防治方法：【林业措施】积极营造混交林，选择山地杨、马褂木等和落叶松生长发育速度相近的树种混交种植。降低落叶松叶蜂的发生率。【物理防治】在每年的 8 月中旬至第 2 年春天对地面的枯枝落叶进行全面清理，然后进行焚烧，以杀灭茧蛹；对地面进行翻耕，利用冬季低温的特点将其彻底消灭；利用幼虫在针叶上群居的特点，进行人工摘除杀灭。【化学防治】是目前应用最普遍的方法，利用林丹烟剂或 741 烟剂对林分郁闭度高于 0.6 的林区进行熏杀，杀虫率高达 70% ~ 83%。利用烟剂熏杀要选择幼虫虫龄在 2 ~ 3 龄期进行，一般在 8 月上旬以前完成；对于 1 ~ 2 龄期的落叶松叶蜂，用 25.0% 溴氰菊酯乳油 500 ~ 1000 倍液喷雾有明显的效果。【生物防治】保护落叶松叶蜂的天敌，常见的有寄生蝇、赤眼蜂、七星瓢虫、波姬蜂等，同时还要保护林区的山雀、啄木鸟、红腹角雉等鸟类，利用这些鸟类控制其数量的增长。

松针小卷蛾

Epinotia rubiginosana (Herrich-Schäffer, 1851)

体长 5~6mm。翅展 15~20mm。体灰褐色。前翅灰褐色，有深褐色基斑、中横带和端纹，但界限不清楚，基斑大，约占前翅 1/3 多，中带上窄下宽，其下部宽约占后缘的 1/2，臀角处有 6 条黑色短纹，前缘具白色钩状纹；后翅灰褐色。雄蛾前翅无前缘。

分布：山西、河北、陕西、河南、甘肃、北京、内蒙古等；国外主要分布于欧洲和俄罗斯、朝鲜、日本。

寄主：油松、马尾松、黑松、火炬松等。

生活史：4 月中旬开始化蛹，5 月 25 日进入羽化高峰，5 ~ 6 月为盛期，7 月中旬蛹期结束。在 7 月末还见少量的成虫，大约有 60% 的蛹羽化成虫。卵在 5 月下旬始见于针

叶上，少数产在嫩枝上。卵期至7月中旬结束。幼虫从5月下旬开始出现，直到10月下旬仍可见。6～9月为幼虫单叶危害期；9月下旬至10月下旬为幼虫卷叶危害期。越冬幼虫从10月中旬开始脱离卷叶，老熟幼虫下树期不集中，至11月仍可见树上老熟幼虫，4月中旬开始化蛹，开始新一轮的生活周期。

危害： 主要以幼虫取食针叶产生危害，产生的丝将几束针叶缀在一起，导致受害叶片逐渐转为黄色、枯萎，最终脱落。油松发生松针小卷蛾危害后，油松树冠呈现枯黄色，对油松树木生长产生严重的影响。

防治方法：【林业措施】在营造松林可与其他类型的植物进行合理搭配混交，适当控制林间郁闭度，定期翻耕松土。选择的造林树种要优质、对病虫害的抵抗能力较强，加强林间防护。【物理防治】针对虫害发生程度严重的松林内，可在冬季或早春时期人工采集虫茧并烧毁，以降低林间虫源基数；及时清理干净林间受到松针小卷蛾危害的松针，黏在地下的杂草及黏土都要统一清理到林区外并进行焚烧无害化处理，林间树木比较低矮、虫口密度较低，可以采取人工的方式摘除林间虫茧，也可以直接将茧内的虫蛹捏死。【化学防治】在傍晚前后开展化学防治，药剂一般选择 50% 杀螟松 600 ～ 800 倍液、40% 乐果乳油 800 ～ 1000 倍液等。可在幼虫缀叶前进行施药，以每年的 6 月初、9 月下旬开展防治效果最好；可在低龄时期采取预防措施。如果林间采取药剂防治比较频繁，可多种药剂进行交替喷施，以避免松针小卷蛾产生抗药性，降低防效。

绵山幕枯叶蛾

Malacosoma rectifascia Lajonquière, 1972

又称绵山天幕毛虫。雌蛾体长 14 ～ 16mm，翅展 30 ～ 41mm，深褐或深黄色；前翅中部有 2 条黑褐色横线；两横线中间，色泽较深，形成宽带；后翅黄褐色，翅基部颜色较深；触角黄褐色，单栉齿状；雄蛾体长 9 ～ 13mm，翅展 22 ～ 31mm，暗褐色；前翅亦有 2 条黑褐色横线；两横线间同样形成宽带；宽带外侧有黄褐色镶边，翅外缘有黑褐色和红色缘毛相间；触角茶褐色，双栉齿状。

分布：山西、北京、河北、内蒙古等。

寄主：桦树、山杨、黄刺梅、沙棘、辽东栎等。

生活史：1年发生1代，在当年生小枝上以卵越冬，4月下旬卵开始孵化，5月上旬进入孵化高峰期，5月中旬进入幼虫期，幼虫期约70天，共6龄，幼虫无假死性。7月上旬老熟幼虫开始在树下落叶层中、石缝间、树根结茧化蛹，蛹期约20天。7月下旬开始羽化，羽化当天即可交尾，交尾历时30分钟左右。8月上旬开始产卵，雌雄虫均为一生交配1次，雄虫交尾不久后死去，雌虫产卵后死去。9月中旬，结束产卵，滞育越冬。

危害：危害严重时，可将白桦叶片全部吃光，形同火烧，虫体成堆将树枝压弯，一树吃光之后再迁移他树，重复危害多年，可使树木整株死亡。

防治方法：做好虫情调查和预测预报，准确掌握虫情，

及时发布虫情预报，消灭虫源，控制虫灾。【物理防治】根据该虫以卵越冬的习性，在越冬期进行剪除虫枝，压低虫口密度。根据该虫夜间分散取食活动、白天群体不动的习性，在5月下旬至6月中旬，用高枝剪剪除虫枝，集中销毁。在蛹期进行挖蛹茧，以达到控制虫源的目的。【化学防治】在该虫成虫羽化期，利用黑光灯进行诱杀成虫。在桦树天幕毛虫初龄幼虫期采用25%灭幼脲Ⅲ号2000倍液或15%的灭幼脲烟剂进行喷雾喷烟防治，以达到灭虫控灾的目的。【生物防治】保护林间天敌，维护生态平衡。

第四章　种实害虫

桃小食心虫

Carposina sasakii (Matsumura, 1900)

卵近椭圆形或桶形，初产时橙色，后渐变深红色，以底部黏附于果实上，卵壳具有不规则略呈椭圆形刻纹，端部环生2～3圈“Y”形外长物。老龄幼虫体长13～16 mm，桃红色，腹部色淡。幼龄幼虫体为淡黄白色，无臀栉，前胸背板红褐色，体肥胖。蛹体长6.5～8.6 mm，初黄白后变黄褐色，羽化前为灰黑色，翅、足和触角部游离。茧分2种，羽化茧又称夏茧，纺锤形，质地疏松，一端留有羽化孔；越冬茧扁圆形，直径约6 mm，高2～3mm，由幼虫吐丝缀合土粒而成，质地紧密。

分布：除西藏未见记录，其他均有；国外分布于日本、朝鲜、俄罗斯、美国、澳大利亚。

寄主：苹果、梨、山楂、桃、枣、杏。

生活史：1年发生1代，以老熟幼虫在土中结冬茧越冬。树干周围1m范围内3～6cm以上土层中占绝大多数，在堆

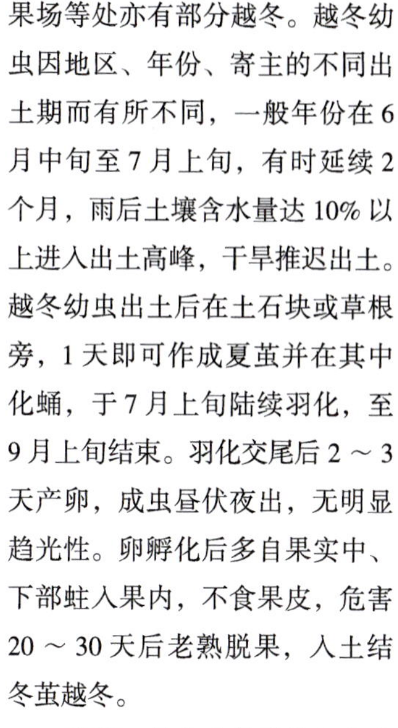

果场等处亦有部分越冬。越冬幼虫因地区、年份、寄主的不同出土期而有所不同，一般年份在6月中旬至7月上旬，有时延续2个月，雨后土壤含水量达10%以上进入出土高峰，干旱推迟出土。越冬幼虫出土后在土石块或草根旁，1天即可作成夏茧并在其中化蛹，于7月上旬陆续羽化，至9月上旬结束。羽化交尾后2～3天产卵，成虫昼伏夜出，无明显趋光性。卵孵化后多自果实中、下部蛀入果内，不食果皮，危害20～30天后老熟脱果，入土结冬茧越冬。

危害：幼虫入果后首先在皮下潜食果肉，果面可见浅褐色的凹陷潜痕，使果实变形，造成畸形的“猴头果”。幼虫随着食量增大，在果实纵横潜食，排粪便于果实内和果实心周围，造成所谓“豆沙馅”。

防治方法：【物理防治】人

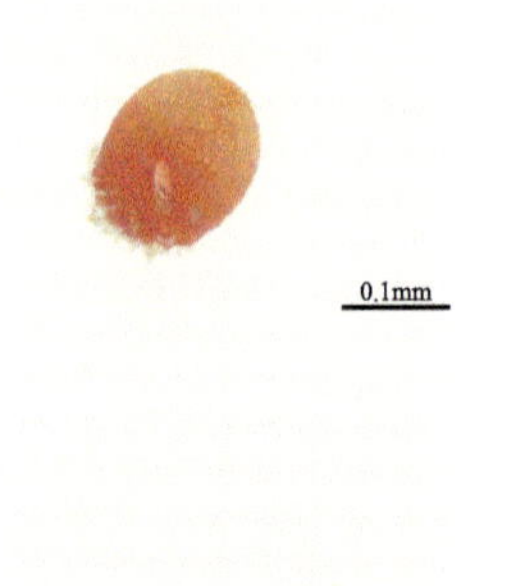

工或器械捕杀、阻隔，应用最多的是铺膜，阻止羽化的成虫飞出为害。人工在树盘下土中筛茧，集中杀灭。结合使用电子灭蛾灯和频振式杀虫灯。【化学防治】利用化学药剂进行防治，如幼虫出蛰期用50%辛硫磷乳油2000倍液喷洒树盘；或用5%辛硫磷颗粒剂5～6kg/亩制成毒土处理树下土壤；6月下旬至7月上旬、8月下旬至9月上旬，喷施48%毒死蜱乳油1500倍液或4.5%高效氯氟氰菊酯乳油1500倍液杀灭成虫。【生物防治】保护利用自然天敌，结合使用蜘蛛、步甲、小花蝽、中国齿腿姬蜂等；喷施白僵菌和昆虫病原线虫；利用人工合成的性信息素或糖醋酒液诱捕。

梨小食心虫

Grapholita molesta (Busck, 1916)

成虫体长 5.2 ～ 6.8 mm，翅展 10 ～ 15mm，前翅密被灰白色鳞片，翅基部黑褐色，前缘有 10 组白色斜纹。腹部灰褐色，体色灰褐色，无光泽雄性外生殖器。卵为椭圆形，直径 0.5 mm 左右，乳白色。老熟幼虫体长 10 ～ 13 mm。初孵幼虫体白色，后变成淡红色，头部、前胸背板均为黄褐色，臀足单序缺环，20 余根。蛹的体色为黄褐色，长 6 ～ 7 mm。蛹腹部第 3 至 7 节背面前后缘各具 1 行短刺，第 8 至 10 节各具 1 行稍大的刺，腹部末端具钩状刺毛。茧白色，长约 10 mm，丝质，椭圆形，底面扁平。

分布：在世界分布较广，我国绝大部分地区均有分布，尤以东北、华北、华东、西北为重；国外分布于欧洲、北美洲、澳洲。

寄主：梨、苹果、桃、李、杏。

生活史：山西 1 年 4 代。在辽南及华北大部分地区，1 年发生 3 ～ 4 代，在黄河故道地区，陕西关中 1 年发生 4 ～ 5

代，长江以南以及四川1年发生6～7代。

危害：前期危害嫩枝，后期幼虫蛀食果实，多从梗洼处蛀入，先取食果肉，而后蛀入果心，在果核周围蛀食为害，蛀道内有虫粪。

防治方法：【物理防治】及时发现并从木质化部分剪下刚萎蔫的新梢，此时被害新梢中的幼虫尚未转移，集中深埋处理，以消灭被害新梢中的幼虫。【化学防治】在危害枝梢时，可喷洒3.6%烟碱·苦参碱微囊悬浮剂（SC）2000倍液、35%氯虫苯甲酰胺水分散粒剂（WG）7000倍液、5%阿维菌素苯甲酸盐微乳剂（ME）3000倍液、1.5%苦参碱可溶液剂（SL）3000倍液和8000IU/μL苏云金杆菌SC2000倍液。【生物防治】赤眼蜂为梨小食心虫卵期最重要的天敌，可通过梨小食心虫卵期释放赤眼蜂进行防治。性诱剂迷向法和诱捕法进行防治，如使用性信息素迷向丝后，梨小食心虫的虫口数量显著降低。

第五章　蛀干害虫

星天牛

Anoplophora chinensis (Forster, 1766)

体长 19 ～ 45 mm，亮黑色，具有白色斑点。触角前两节黑色，第 3 节起每节基部都有淡蓝色毛环。头部和体腹部被银灰色和蓝灰色的细毛，小盾片一般具有不显著的灰色毛。鞘翅具有小型白色毛斑，通常每翅有 20 个，排列成不整齐的 5 个横行。雌虫触角超出身体 1 ～ 2 节，雄虫超出 4 ～ 5 节。前胸背板中间隆起，侧翅突尖锐粗大，鞘翅肩部基部密布刻点，极为粗糙，鞘翅共有白色大小斑 40 个左右，有较大变异。

分布：中国多地均有分布；国外分布于日本、朝鲜、越南、意大利。

寄主：杨、柳、榆、枣、核桃、花椒、果树、糖槭。

生活史：1 年发生 1 代，以幼虫在被害寄主木质部越冬，3 月中下旬开始活动取食，4 月下旬化蛹，5 月下旬羽化，6 月上旬幼虫孵化危害，10 月下旬越冬。

危害：幼虫蛀食树干，可造成树干空洞，破坏树木正常的营养输送管道，使树木生长正常的代谢过程受阻，影响树木健康，甚至会导致树木干枯死亡。

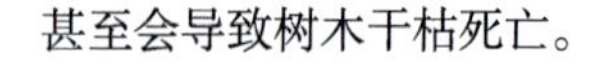

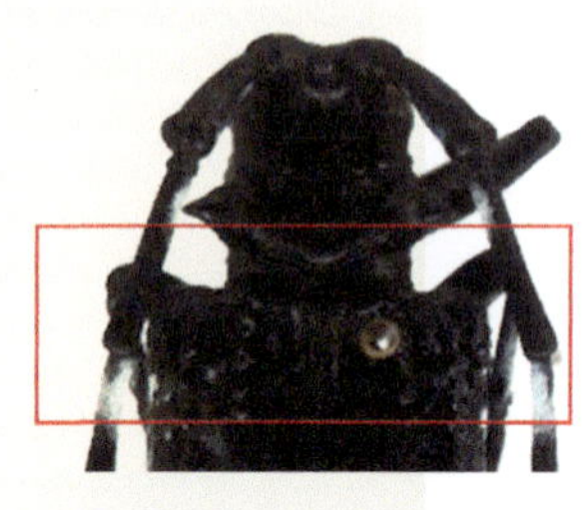

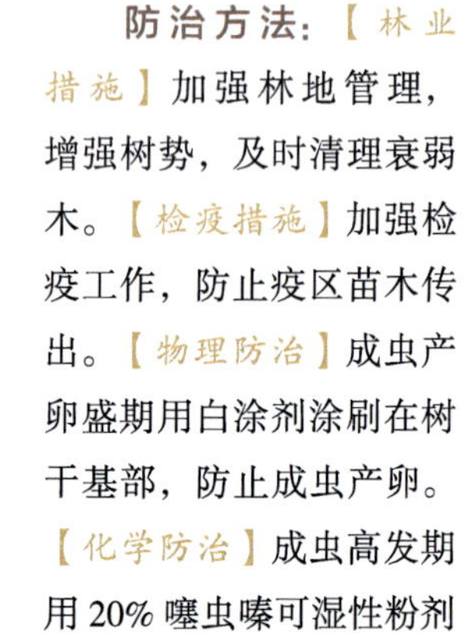

防治方法：【林业措施】加强林地管理，增强树势，及时清理衰弱木。【检疫措施】加强检疫工作，防止疫区苗木传出。【物理防治】成虫产卵盛期用白涂剂涂刷在树干基部，防止成虫产卵。【化学防治】成虫高发期用 20% 噻虫嗪可湿性粉剂 4000 倍液喷施柳树，间隔 20 天连续喷施 3 次。【生物防治】引进啄木鸟防虫。

光肩星天牛

Anoplophora glabripennis (Motschulsky, 1853)

体长 17 ~ 39 mm，体漆黑色，带蓝紫色光泽。前胸背板有皱纹和刻点，两侧各有 1 个棘状突起。触角 11 节，基节黑色，其余各节基部蓝白色，端部黑色。鞘翅共有 30 ~ 40 个淡黄色或白色斑点，肩部光滑无明显刻点。

分布：中国多地均有分布；后引入美国及欧洲。

寄主：杨、柳、榆、桑、山楂、花椒、枣、苹果、李、梨、云杉。

生活史：1 年或 2 年 1 代，以幼虫或卵越冬。4 月越冬幼虫开始活动。5 月上旬至 6 月下旬为幼虫化蛹期。从做蛹室至羽化为成虫共经 41 天左右。6 月上旬开始出现成虫，盛期在 6 月下旬至 7 月下旬，直到 10 月都有成虫活动。6 月中旬成虫开始产卵，7 ~ 8 月间为产卵盛期，卵期 16 天左右。6 月底开始出现幼虫，11 月越冬。

危害：幼虫蛀入木质部破坏树木的输导组织而影响树木的生长，严重时造成大片树木枯死。

防治方法：【林业措施】选育抗虫品种，合理密植，适当修剪，以利通风透光。【物理防治】加强抚育管理，合理施肥，增施磷肥、钾肥，使植株生长健壮，

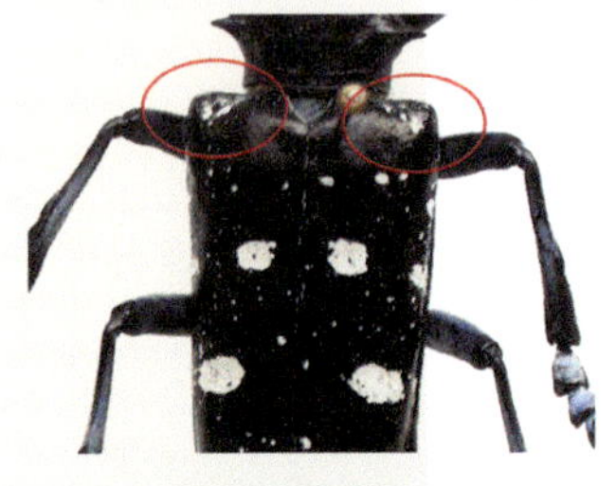

增强抗虫能力。对剪除的病虫枝集中焚毁，减轻虫害发生。【化学防治】5月和9月各施一次20%吡虫啉粉剂500倍液进行灌根；整个生长季可对树干施20%吡虫啉粉剂200倍液；成虫出蛰期（7月～9月），每月对枝干喷施一次绿色威雷胶囊剂200倍液、97%的新型聚硅氧烷化合物（商品名透翠）。

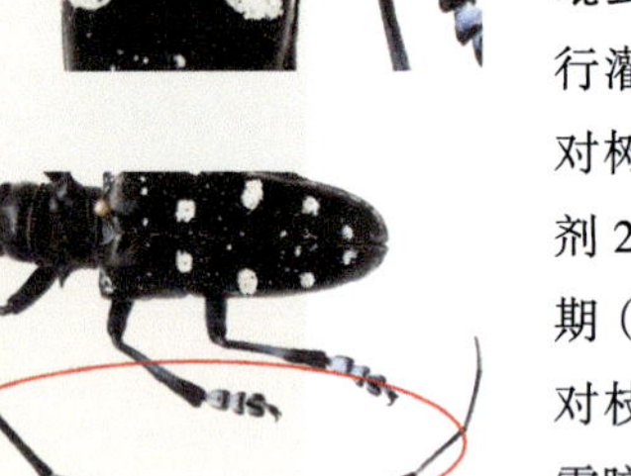

桃红颈天牛

Aromia bungii (Faldermann, 1835)

体长 28 ~ 37 mm，头黑色，腹面有许多横皱，头顶部两眼间有深凹。触角蓝紫色，基部两侧各有 1 叶状突起。前胸两侧各有刺突 1 个，背面有 4 个瘤突。雄虫体比雌虫小，前胸腹面密布刻点，触角超过虫体 5 节；雌虫前胸腹面有许多横皱，触角超过虫体 2 节。雄成虫有两种色型：一种是身体黑色发亮和前胸棕红色的“红颈”型，另一种是全体黑色发亮的“黑颈”型。

分布：山西、北京、河北、河南、江苏以及东北地区；国外分布于朝鲜。

寄主：桃、梨、杏、李、樱桃、梅、苹果、柳、榆、花椒。

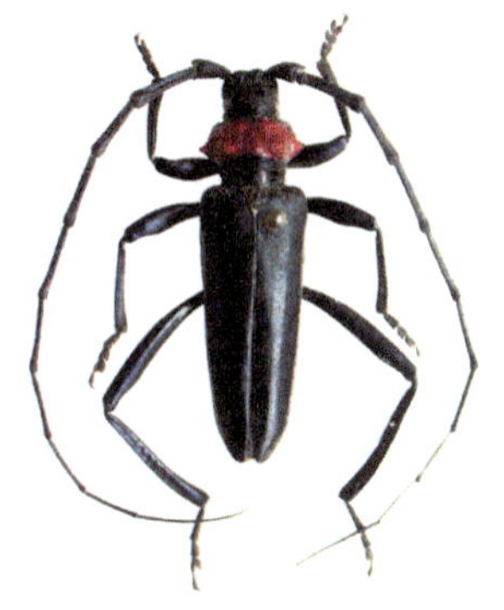

生活史：2 年 1 代，以幼龄幼虫第 1 年和老熟幼虫第 2 年越冬。成虫 6 至 7 月羽化。

危害： 主要危害桃、杏、李等核果类果树，幼虫在树干内蛀咬隧道，造成皮层脱落，树干中空，影响水分和养分的输送，致使树势衰弱、果实产量降低甚至死亡。

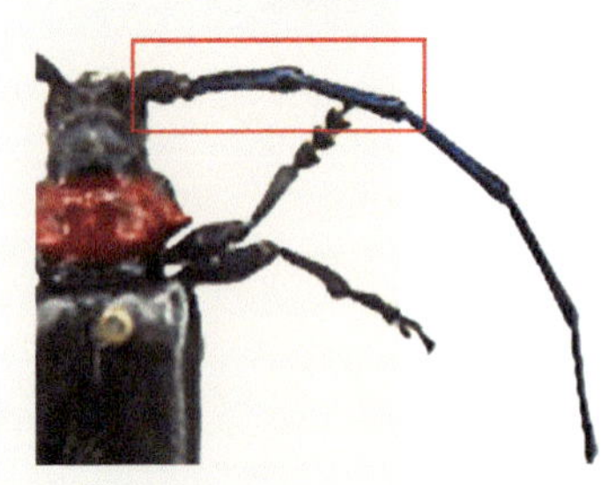

防治方法：【物理防治】涂白树干防产卵；制作糖醋液，诱杀液诱杀成虫。【化学防治】喷洒 15% 吡虫啉微胶囊 3000 倍液。【生物防治】释放管氏肿腿蜂进行生物防治。在 6 ～ 8 月成虫活动期间，可利用从中午到下午 3 时前成虫有静息枝条的习性，组织人员在果园捕捉；9 月前孵化出的幼虫在树皮下蛀食，可在主干与主枝上寻找细小的红褐色虫粪，并用小刀划开树皮将幼虫杀死。

灰长角天牛

Acanthocinus aedilis (Linnaeus, 1758)

体长 12 ～ 24 mm，体扁平。触角极长，雌虫体长是触角的一半，雄虫体长是触角的3～4倍。前胸背板前方有 4 个排成一横行的金黄色毛斑。每个鞘翅上各有 2 个深色略倾斜的横斑纹，一处位于中部之前，一处位于端部 1/3 处，后者较为显著；鞘翅中缝区有较多稀疏的小圆斑点。触角棕色，被灰色绒毛，雄虫第 3 ～ 5 节密被短毛；腹部密被灰色绒毛。

分布：山西；东北、河北、山东；国外分布于朝鲜、俄罗斯及欧洲。

寄主：松、杉。

生活史：1 年 1 代，以成虫在蛹室中越冬。6 月初在新近死亡的或伐倒的针叶树干产卵。幼虫在韧皮部蛀食，8 月末 9 月初蛀入木质部表层内化蛹，也有少数在树皮下构成蛹室化蛹。

危害：幼虫蛀食树干和树枝，使树势衰弱，导致病菌侵入，树也易被风折断。受害度严重时，树整株死亡。

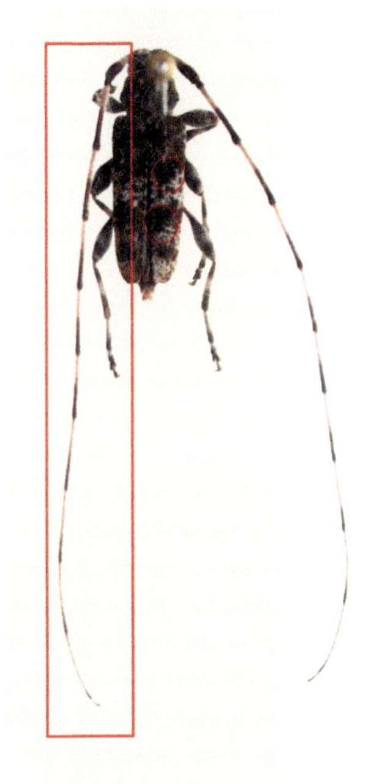

防治方法：【物理防治】及时砍伐虫害木或虫害枝，4～7月伐木应剥皮处理，8月后伐木及伐枝必须及时烧毁，消灭虫源，减低自然界的虫口密度；3～5月成虫交尾产卵期间，可人工捕杀。【化学防治】喷洒45%丙溴辛硫磷、50%辛硫磷乳油等化学药剂。

小灰长角天牛

Acanthocinus griseus (Fabricius, 1792)

长 8 ～ 12 mm。雄虫触角约为体长的 3 倍，雌虫约为体长的 2 倍。额近方形，具有相当密的小颗粒。前胸背板有许多不规则横脊线，并杂有粗糙刻点。前端有 4 个黄色圆形毛斑，排成 1 横行。侧刺突较小，微向后弯。足较为粗壮，后足跗节第 1 节长度约等于其他 3 节的总和。雌虫产卵管显著外露。

分布：山西、黑龙江、吉林、辽宁、河北、陕西、山东；国外分布于俄罗斯、蒙古、土耳其以及欧洲。

寄主：红松、油松、华北松、栎。

生活史：1 年 1 代，以成虫在蛹室越冬。翌年 5 月羽化，6 月初在新近死亡的或伐倒的针叶树干产卵。幼虫在韧皮部蛀食，夏末多在木质部表层内化蛹，也有在树皮下化蛹。

危害：幼卵多产于新死木或倒伐木的针叶树干，幼虫通过蛀食树干韧皮部获取营养，直接危害树木健康。

防治方法：【林业措施】加强林防措施，营造混交林，定时清除树干上的萌生枝叶，保持树干光滑。【检疫措施】

在天牛严重发生的疫区和保护区之间应严格实行检疫制度。【化学防治】可使用50%辛硫磷乳油喷涂枝干，防治幼虫，或对其进行磷化铝或磷化锌熏蒸处理。【生物防治】保护、利用天敌，保护和招引啄木鸟、在林间释放管氏肿腿蜂、花绒坚甲等天敌均有较好的防治效果。利用白僵菌和绿僵菌防治天牛幼虫。

脊鞘幽天牛

Asemum striatum (Linnaeus, 1758)

别名：松幽天牛。体长 8.0 ～ 23.0mm，体较扁，黑褐色或红褐色。雌虫体色较黑，密被灰黄色短绒毛。额中央具 1 条纵沟，头刻点密。雄虫触角达体长的 3/4，雌虫约达体长的 1/2。前胸背板宽大于长，两侧缘圆形；背面刻点密，中央有 1 条光滑而稍凹的纵纹，与后缘前方中央的 1 横凹陷相连，背板中央两侧各有 1 个肾形的长凹陷。每翅具 2 条平行的纵脊，基部刻点较粗大，向端部逐渐细弱。雄虫腹末节较短阔，雌虫腹末节较狭长。

分布：山西、甘肃、内蒙古、黑龙江、吉林、辽宁、河北、天津、陕西、新疆、宁夏、山东、湖北、浙江、云南；国外分布于日本、朝鲜、韩国。

寄主：华山松、红松、鱼鳞松、日本赤松。

生活史：1 年 1 代，成虫 6 月上旬至 7 月中旬大量出现。

危害：主要在树势衰弱后入侵，衰弱木上株虫口密度最高可达 180 余头，主要集中在根部和树干上 0 ～ 3m 处。

防治方法：【林业措施】加强管理，严防虫害木外运，

严格将虫害控制在疫区内，防止其进一步蔓延；清除虫害木，消灭虫源。【化学防治】使用引诱剂和高效低毒的环境协调型药剂，如5%甲维盐微乳剂、5%甲维盐微乳剂、2%噻虫啉微囊悬浮剂等。【生物防治】保护和利用天敌，如啄木鸟等。

粒翅天牛

Lamiomimus gottschei Kolbe, 1886

别名：双带粒翅天牛。体长 26 ~ 40 mm，全身覆盖褐色和淡黄色绒毛。小盾片黄色，密生细毛，前胸背板侧翅突明显，且有 4 个“八”字形对称分布的瘤突。鞘翅基部密布细小瘤状颗粒，鞘翅中部和末端有 2 条棕黄色宽横带，末端切平。足上分布杂乱小斑。

分布：山西、东北、山东、北京、河北、河南、陕西、甘肃、江苏、安徽、浙江、江西、湖南、湖北、四川、贵州；国外分布于俄罗斯、朝鲜。

寄主：栎、槲、柳、榆。

生活史：不详。

危害：危害柳、榆、栎的树干。

防治方法：【化学防治】80% 敌敌畏、40% 乐果乳油 5 ~ 10 倍液，打孔注射树干。

中华裸角天牛

Aegosoma sinicum sinicum White, 1853

别名：薄翅锯天牛、中华薄翅天牛。体长30～58 mm，体赤褐色。雄虫触角等于或略超过体长，第1～5节极粗糙，下面有刺状粒，柄节粗壮。前胸背板侧缘微卷，整体略呈梯形，后缘微扭曲。鞘翅为膜翅，有2～3条明显的细小纵脊，脊间微透明。雌虫产卵管细长突出，可伸缩。

分布：中国各地均有分布；国外分布于日本、朝鲜、俄罗斯、越南、老挝、缅甸。

寄主：苹果、桃、山楂、枣、柿、栗、桑、松、杨、柳、榆、栎、云杉、冷杉。

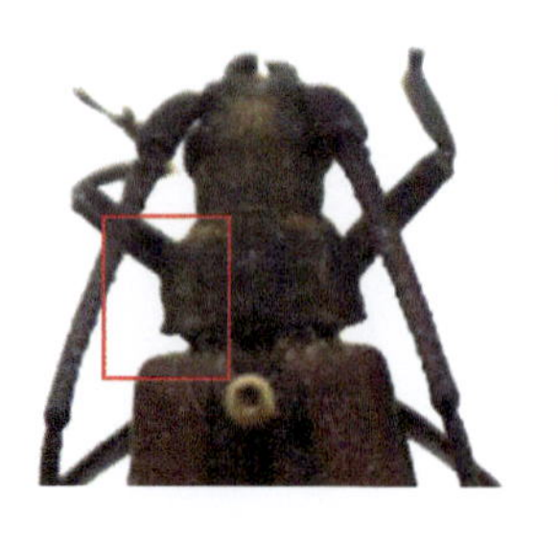

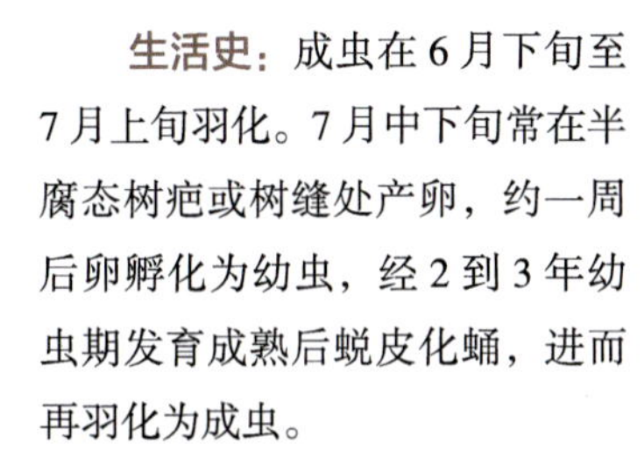

生活史：成虫在6月下旬至7月上旬羽化。7月中下旬常在半腐态树疤或树缝处产卵，约一周后卵孵化为幼虫，经2到3年幼虫期发育成熟后蜕皮化蛹，进而再羽化为成虫。

危害：成虫羽化，啃食树皮补充营养。孵化后的幼虫从树皮蛀入木质部，其后向上、下蛀食，为害到秋后在树内越冬。翌年春季继续为害。

防治方法：【林业措施】加强抚育管理，增强树势，提高树木抗病虫能力。可营造混交林，进行饵木诱杀。【化学防治】用磷化铝进行熏蒸防治、涂白、虫孔注药、Bt乳剂等进行化学防治。【生物防治】设置灰喜鹊、麻雀、啄木鸟集箱以及用杨扇舟蛾颗粒体病毒、白僵菌等进行生物防治。

松墨天牛

Monochamus alternatus Hope, 1842

别名：松褐天牛。体长 15.0 ～ 28.0 mm；体橙黄色到赤褐色，翅棕红色，鞘翅上有黑色与灰白色斑点，每翅有 5 条纵脊，纵脊间有近方形的黑白相间的绒毛小斑。前胸背板有 2 条相当阔的橙黄色条纹，与 3 条黑色纵纹相间。小盾片密被橙黄色绒毛。触角棕褐色，雄虫第 1、2 节和第 3 节基部具有稀疏的灰白色绒毛。雌虫除末端 2、3 节外，其余各节大部分被灰白色，只有末端一小节深色。雄虫触角超过体长 1.0 倍，雌虫约超出 1/3，第 3 节比柄节约长 1 倍；前胸侧刺突较大，圆锥形。鞘翅末端近乎切平。

分布： 山西、北京、河北、山东、河南、陕西、江苏、安徽、浙江、湖北、江西、湖南、福建、台湾、广东、香港、广西、四川、贵州、云南、西藏；国外分布于日本、朝鲜、越南、老挝。

寄主： 马尾松、落叶松、云杉、桧、黑松、赤松、冷杉、鸡眼藤、雪松。

生活史： 1年发生1代，以熟幼虫在坑道内越冬。在蛹室中羽化后的成虫约经7天左右通过羽化孔从树体内脱出，但以傍晚至午夜最多，交尾后5～6天雌虫开始产卵。

危害： 幼虫蛀干危害。

防治方法： 【林业措施】营造混交林、复层林对其的传播和蔓延能起到一定的阻隔作用；注意加强抚育管理，提高生态系统的稳定性。【检疫措施】加强内外检疫，加强检疫措施，严格控制其扩散传播。【物理防治】可通过饵木诱杀。【化学防治】用飞机喷洒5%噻虫啉微胶囊悬浮剂进行化学防治。【生物防治】使用球孢白僵菌及释放管氏肿腿蜂和花绒寄甲进行生物防治；保护利用天敌，利用病原微生物，寄生性线虫、寄生性昆虫、捕食性昆虫、蜘蛛、鸟等防治；应用松墨天牛“引诱剂＋诱捕器”监测和诱杀成虫效果较好。

云杉花墨天牛

Monochamus saltuarius Gebler, 1830

体长 11 ～ 20 mm，体黑褐色，略带暗金属光泽，覆稀疏淡色绒毛。鞘翅基部 1/3 处密布分散的细刻点，刻点不连接，翅面深色绒毛较密，淡色斑点较多而显著。小盾片密被淡黄色绒毛，中央留出 1 条光滑的纵纹；前胸背板中区前方有 2 个较明显的黄色小斑点；雄虫触角是体长的 2 倍，纯黑色；雌虫触角超过体长的 1/4 甚至更长。

分布：山西、黑龙江、吉林、辽宁、河北、山东。

寄主：云杉、落叶松。

生活史：1 年发生 1 代。

危害：幼虫危害木质部，成虫咬食树枝皮层。

防治方法：【林业措施】营造混交林，加强抚育，增强树势；对贮木场的原木应及时剥皮，减少天牛的适生寄主。【检疫措施】加强检疫和林区管理，严禁带虫原木、木材传播和扩散。【化学防治】利用倍硫磷、马拉硫磷、磷化铝、溴甲烷等进行熏蒸防治，也可用杀虫螟松、绿色威雷打孔注射防治幼虫。【生物防治】保护啄木鸟等天敌松墨天牛“引

诱剂＋诱捕器”也可以诱杀大量云杉花墨天牛成虫，亦能起到监测作用。

光胸断眼天牛

Tetropium castaneum (Linnaeus, 1758)

体长 9 ～ 16 mm，棕栗色至黑褐色。触角比身体短，雌虫触角约为体长的 1/3，雄虫触角略长。前胸发达，略成球形，背板黑色。点刻稀疏，有很强的光泽，中央有浅沟，前胸两侧刻点稠密，无光泽。鞘翅上有 3 条纵脊，表面密布刻点。

分布： 山西、黑龙江、吉林、辽宁、内蒙古、新疆、青海、甘肃、宁夏、山东、陕西、天津、湖南、江西、福建、云南；国外分布于日本、欧洲、俄罗斯。

寄主： 红皮云杉、鱼鳞云杉、红松、冷杉和兴安落叶松等松、云杉属、落叶松属树种。

生活史： 1 年发生 1 代，以老熟幼虫在蛹室越冬。

危害： 幼虫孵化后钻入木质部危害，排出丝状蛀屑，成虫通过啃食树皮补充营养造成危害。

防治方法： 【林业措施】做好经营管理，对一些枯死木、衰弱木、濒死木及时伐除并集中烧毁。【物理防治】利用饵木进行诱杀。【化学防治】喷洒用倍硫磷、马拉硫磷等药剂进行熏蒸或打孔注射防治。【生物防治】保护和利用天敌，如云杉天牛矛茧蜂、赤腹茧蜂、黑茧蜂、云杉天牛瘦姬蜂，设巢箱吸引啄木鸟、灰喜鹊等天敌，可以有效地控制其发生量。

红脂大小蠹

Dendroctonus valens LeConte, 1860

体圆柱形，长 5.7 ~ 10.0 mm，淡色至暗红色。雄虫长是宽的 2.1 倍，成虫体有红褐色，额不规则凸起，前胸背板宽；具粗的刻点，向头部两侧渐窄，不收缩；虫体稀被排列不整齐的长毛。雌虫与雄虫相似，但眼线上部中额隆起明显，前胸刻点较大，鞘翅端部粗糙，颗粒稍大。

分布：山西、河北、河南、陕西、北京；国外分布于美洲。

寄主：油松、白皮松，偶见危害华山松、云杉。

生活史：1 年发生 1 ~ 2 代，5 月底到 9 月林间的主要虫态为成虫、卵或低龄幼虫。

危害：雌成虫首先到达树木，蛀入内外树皮到形成层，木质部表面也可被刻食。在雌虫侵入之后较短时间里，雄虫进入坑道。当达到形成层时，雌虫首先向上蛀食，连续向两侧或垂直方向扩大坑道，直到树液流动停止。一旦树液流动停止，雌虫向下蛀食，通常达到根部。侵入孔周围出现凝结成漏斗状块的流脂和蛀屑的混合物。多在树基的树皮与韧皮部之间越冬。

防治方法：红脂大小蠹为全国林业检疫性有害生物。【林业措施】营造混交林；间伐、卫生伐要及时处理或清除伐桩。【检疫措施】加强检疫，防止扩散。【物理防治】红脂大小蠹入侵前，可用少量衰弱树作饵，在幼虫出现且未化蛹时消灭幼虫、成虫飞扬期，可在林缘、山脊线等处悬挂诱捕器诱杀成虫。【化学防治】幼虫危害期，用蛀虫净+奇强喷施虫害发生部位，能快速杀灭害虫；成虫飞扬期，可在树干2m以下喷绿色威雷30倍液，80%敌敌畏乳油100倍。【生物防治】利用肿腿蜂、大唼蜡甲防治红脂大小蠹的技术已经较为成熟，郭公甲、大红蚂蚁、扁谷盗甲、蒲螨也可用于其防治。近年来，红脂大小蠹引诱剂用于监测和大量诱捕成虫，降低种群基数，效果明显。

臭椿沟眶象

Eucryptorrhynchus brandti (Harold, 1881)

体长 90 ～ 11.5mm 左右，宽 4.6mm 左右，体黑色。额部窄，中间无凹窝。头部布有小刻点。前胸背板和鞘翅上密布粗大刻点。前胸前窄后宽。前胸背板、鞘翅肩部及端部布有白色鳞片形成的大斑，稀疏掺杂红黄色鳞片。卵长圆形，黄白色。

分布：在中国分布广泛；国外分布于日本、朝鲜、俄罗斯。

寄主：臭椿、千头椿。

生活史：每年出现 1 次，幼虫和成虫在树木的根部或者树干过冬（也有研究发现成虫会在土中过冬），在翌年的 4 月到 5 月形成虫蛹，5 月上中旬为第一次成虫盛发期，7 月底到 8 月上旬为第二次盛发期，虫态重叠，很不整齐。

危害：幼虫对林木的破坏严重，主要对树木的木质部等位置有直接的伤害，表现在树干或者叶子上，出现灰白色流胶或者虫粪等。另外，幼虫会咬食林木的树皮以及木质部。初孵幼虫先取食皮层，长大后侵入木质部为害，随着虫体的增加，食物的取食量增加，钻蛀坑道也变宽，幼虫成熟

后，先在树干上咬一个圆形的羽化孔，然后用蛀屑堵住侵入孔。

防治方法：【林业措施】营造混交林，避免造臭椿纯林，合理设置栽植密度。【检疫措施】从臭椿沟眶象发生后，应及时开展集中防治臭椿沟眶象工作，禁止臭椿千头椿的向外运输和种植，同时对进入到防治区域内的苗木进行严格的检查，防止该病虫害扩大破坏范围。【物理防治】根据该虫害的生活习性等特点，对林木上的树干等位置加强人工防治工作，如人工捕捉成虫，在树干上设置倒漏斗形阻隔装置以阻隔和诱集上树成虫集中杀灭。【化学防治】成虫发虫期喷施50% 马拉硫磷 1000 ~ 1500 倍液防治，或打孔注射 40% 氧化乐果乳油 5 ~ 10 倍液灭杀幼虫。

梨金缘吉丁

Lampra limbata Gebler, 1841

体长 13 ～ 18mm，体纺锤状，翠绿色，具金色金属光泽。触角黑色锯齿状。头顶中央具倒“Y”形纵纹。前胸背板具 5 条蓝黑色纵纹，中间一条粗而显。鞘翅具 10 余条黑蓝色断续的纵纹，翅端锯齿状。前胸背板和鞘翅两侧缘具金红色纹。雌虫腹末端浑圆，雄则深凹。

分布：山西、天津、甘肃、河北、河南、黑龙江、湖北、湖南、吉林、辽宁、内蒙古、青海、陕西、新疆；国外分布于俄罗斯、蒙古。

寄主：梨、苹果、山楂、杏、桃、杨。

生活史：2 年 1 代，以大小不同龄期的幼虫于被害枝、干皮层下或木质部处越冬。

危害：以幼虫在枝干韧皮部和木质部之间纵横取食，被害处外表常变为褐色至黑色，后期纵裂，致使树势衰弱，出现红叶、小叶，甚至全树死亡。

防治方法：【物理防治】在 3 月底以前锯掉死树、死枝，刮除主干、主枝上的粗皮，及时烧毁，以减少虫源。【化

学防治】5 月上旬成虫即将羽化时，用 50% 对硫磷乳油 200 倍液或 80% 敌敌畏 200 倍液涂抹主干和树枝，15 天后涂抹第 2 次，虫口数较大的树涂药后将树干紧挨着捆草绳，效果更好。

纵坑切梢小蠹

Tomicus piniperda (Linnaeus, 1758)

成虫体长 3.5 ~ 4.5mm，黑褐色，具光泽，并密布刻点和灰黄色细毛。头部半球形，黑褐色，额中央有一纵隆起线，复眼卵圆形，黑色，触角球状。前胸背板近梯形，前狭后宽。鞘翅红棕色，基部与端部的宽度相似，长约为宽的 3 倍，其上有由刻点组成的明显行列，第 2 列间近翅端 1/3 部分的粒状突起和绒毛消失，并向下凹陷，雄虫较雌虫显著。卵淡白色、椭圆形。幼虫体长 5 ~ 6mm，头黄色，口器褐色；体乳白色，粗而多皱纹，微弯曲。蛹体长 4.5mm，白色，腹面末端有 1 对针状突起，向两侧伸出。

分布： 山西、辽宁、河南、陕西、江苏、浙江、湖南、四川、云南；国外分布于日本、朝鲜、蒙古、俄罗斯、北美以及一些西欧国家。

寄主： 华山松、高山松、油松、云南松及其他松属树种。

生活史： 该虫一般 1 年发生 1 代，以成虫在树干根际皮下越冬。翌年 3 月下旬开始羽化，4 月上旬为成虫高峰期，

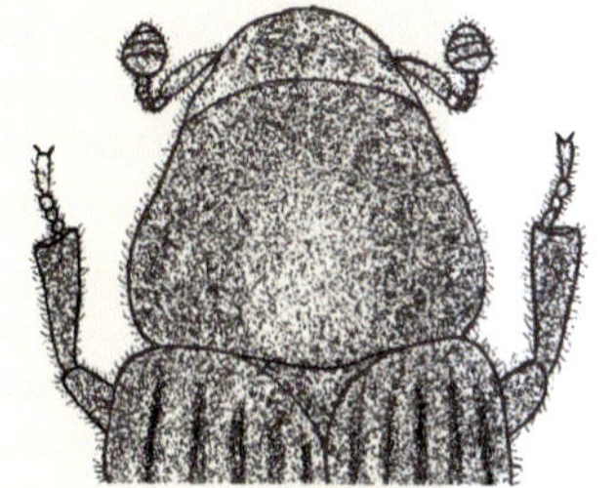

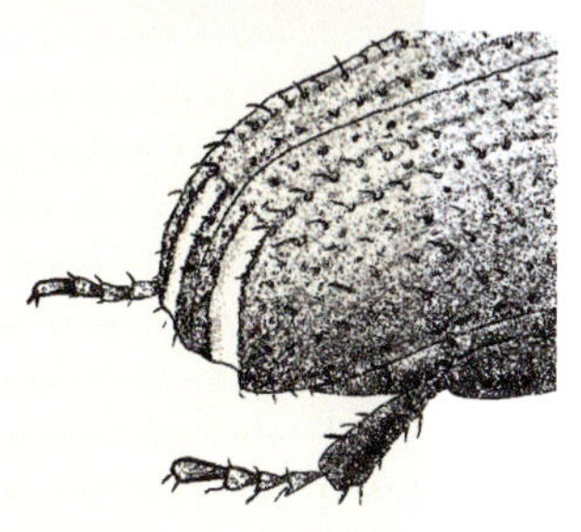

并开始产卵。越冬成虫离开越冬场所后，绝大多数直接飞向倒木、濒死木、衰弱木、新伐根等处蛀孔繁殖。卵经 8 ~ 10 天孵化，4 月中旬为幼虫孵化盛期。幼虫蛀食 15 ~ 20 天后，于子坑道末端做一圆形蛹室化蛹，5 月中旬为化蛹盛期，蛹期 8 ~ 9 天，5 月下旬至 6 月初出现新成虫，成虫一直危害到 10 月中下旬至 11 月上旬，即当秋季最低气温达到 0℃左右时，陆续下树，在树干根际皮下蛀盲孔越冬。

危害：是我国严重危害松树的蛀干害虫，主要取食寄主的干部韧皮组织和梢头的髓部组织，切断树内水分和养分供应，造成树叶枯黄凋落，树木枯死。

防治方法：【林业措施】营造混交林和进行合适的抚育间伐

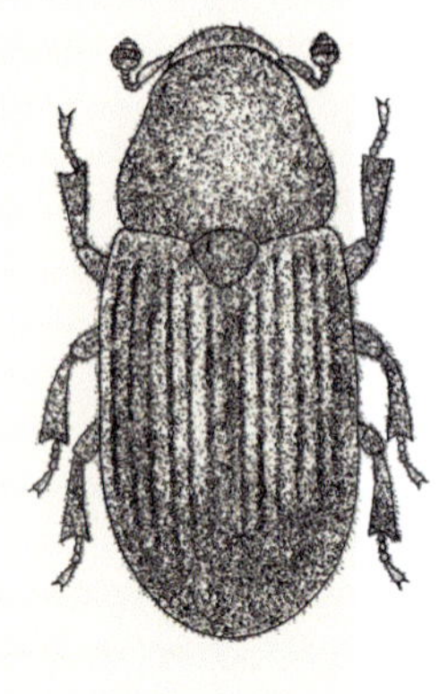

对防治纵坑切梢小蠹的危害具有重大作用。【检疫措施】加强检疫，防止通过调运针叶树及木材传播。【物理防治】利用饵木诱虫、辐照处理纵坑切梢小蠹均具有良好的效果及可行性。【化学防治】常用的化学药剂包括40%氧化乐果乳油、50%甲胺磷乳油、30%乙酰甲胺磷、50%久效磷等；利用植物提取物对纵坑切梢小蠹具有良好的引诱效果。【生物防治】主要包括天敌和病原微生物利用2个方面；疑山郭公虫对纵坑切梢小蠹种群增长具有明显控制作用，白僵菌、粉拟青霉菌等使其转梢率明显下降，蛀干株率、被害株率均得到有效控制。

芳香木蠹蛾东方亚种

Cossus cossus orientalis Gaede, 1929

灰褐色，翅展 53.5 ~ 82mm。触角单栉状。头顶毛丛和领片鲜黄色，中前半部深黄色，后半部白、黑、黄相间。后胸有1条黑横带。腹部灰褐色，具不明显的浅色环。雌体前胸后缘有黄色毛丛，雄体较暗，前翅中室至前缘为灰褐色，翅面密布黑色线纹。

分布：山西、天津、北京、河北、河南、黑龙江、吉林、辽宁、内蒙古、宁夏、青海、山东、四川、陕西等；国外分布于中亚、欧洲、非洲。

寄主：柳、杨、榆、槐、白蜡、核桃、香椿、苹果、梨、沙棘。

生活史：2年1代，当年幼虫在树干基部蛀道内越冬，第2年秋季以老熟幼虫在寄主根部越冬。

危害：幼虫蛀食损伤韧皮部和木质部，使树木生理机能受到破坏，树干基部流出树液，树势逐年衰弱，继而形成枯梢，导致树木枯死和风折。

防治方法：【检疫措施】加强检疫，调运苗木要严格

检疫，以免扩大该虫危害。【物理防治】灯光诱杀成虫或人工捕杀幼虫，集中销毁。【化学防治】药剂防治可采用内吸药液注射、熏蒸药片堵孔、毒扦插孔等方法。【生物防治】利用性引诱剂诱杀雄成虫，降低成虫多酰率，也能起到监测作用。保护利用天敌，控制虫口密度，如姬蜂、寄生蝇、狐狸、獾、喜鹊、刺猬等。

白杨透翅蛾

Paranthrene tabaniformis (Rottemburg, 1775)

成虫体长 11 ～ 20mm，翅展 31.0 ～ 38.0mm。头半球形，下唇须基部黑色，密布黄色绒毛，头和胸之间有橙色鳞片围绕，头顶有 1 束黄色毛簇。雌蛾触角栉齿不明显、端部光秃，雄蛾触角具青黑色栉齿 2 列。胸部背面青黑色有光泽。卵为椭圆形黑色。幼龄幼虫淡红色，老熟时黄白色。蛹为纺锤形，褐色，腹末具臀棘。

分布：山西、天津、吉林、辽宁、山东、陕西、北京、河北、河南、江苏、内蒙古、浙江；国外分布于俄罗斯及西欧。

寄主：小叶杨、加杨、青杨、钻天杨、北京杨、毛白杨、旱柳、新疆杨、健杨。

生活史：1 年 1 代，以幼虫在枝干虫道内越冬。翌年 4 月初取食为害，4 月下旬幼虫开始化蛹，羽化盛期在 6 月中到 7 月上旬。卵多产于叶腋、叶柄、伤口处及有绒毛的幼嫩枝条上。卵细小，不易发现。

危害：幼虫蛀害 1 ～ 2 年幼树的树干、侧枝、顶梢、嫩芽，造成枝梢枯萎、秃梢，易风折。

防治方法：【林业措施】在林业上选择抗虫树种，营

造混交林，可选用杂交杨树中对白杨透翅蛾有抗性的树种。【检疫措施】加强检疫，在引进或输出苗木时，严格检验，发现虫瘿要剪下烧毁，以杜绝虫源。【物理防治】幼虫初蛀入时，要及时剪除或削掉瘤状虫瘿，或向虫瘿的排粪处钩、刺杀幼虫，秋后修剪时将虫瘿剪下烧毁。【化学防治】用三硫化碳棉球塞蛀孔，孔外堵塞黏泥，能杀死虫道深处的幼虫，或用50%杀螟松乳油100～200倍液喷干毒杀初孵幼虫，也可注药后堵孔。幼虫初侵染期，枝干上涂（2.5%溴氰菊酯乳油1份，黄黏土5～10份，适量水混合）的泥浆，毒杀幼虫。【生物防治】保护白杨透翅蛾绒茧蜂、透翅蛾黑姬小蜂、啄木鸟、大山雀、灰喜鹊、斑鸫及利用白僵菌、苏云金杆菌进行生物防治。

第六章　草地害虫——常见草原蝗虫

针对林草融合工作实际，本章列举了关帝林区草地常见蝗虫物种及其图片，以期为相关工作提供支持。

日本蚱

Tetrix japonica (Bolivar, 1887)

黄胫小车蝗

Oedaleus infernalis Saussure, 1884

疣蝗

Trilophidia annulata (Thunberg, 1815)

短星翅蝗

Calliptamus abbreviatus Ikonnikov, 1913

红腹牧草蝗

Omocestus haemorrhoidalis (Charpentier, 1825)

日本鸣蝗

Mongolotettix japonicus Bolívar, 1898

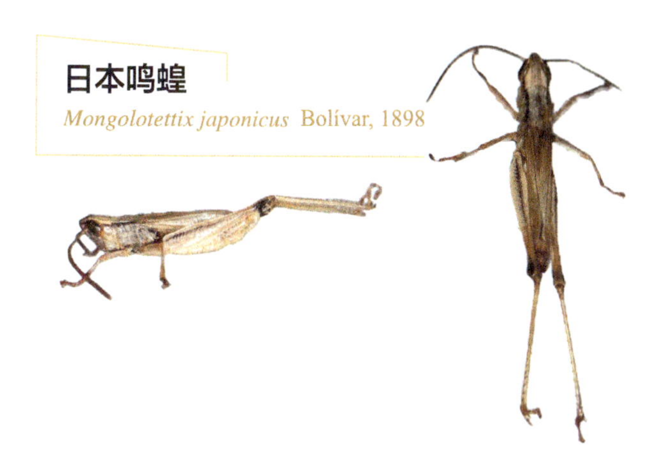

轮纹异痂蝗

Bryodemella tuberculata diluta (Stoll, 1813)

笨蝗

Haplotropis brunneriana Saussure, 1888

中文名索引

Y

Z

学名索引

A

B

C

M

N

O

P

R

S

T

附录 中华人民共和国林业检疫性有害生物名单（2013）

1. 松材线虫 *Bursaphelenchus xylophilus* (Steiner et Buhrer) Nickle
2. 美国白蛾 *Hyphantria cunea* (Drury)
3. 苹果蠹蛾 *Cydia pomonella* (L.)
4. 红脂大小蠹 *Dendroctonus valens* LeConte
5. 双钩异翅长蠹 *Heterobostrychus aequalis* (Waterhouse)
6. 杨干象 *Cryptorrhynchus* lapathi L.
7. 锈色棕榈象 *Rhynchophorus ferrugineus* (Olivier)
8. 青杨脊虎天牛 *Xylotrechus rusticus* L.
9. 扶桑绵粉蚧 *Phenacoccus solenopsis* Tinsley
10. 红火蚁 *Solenopsis invicta* Buren
11. 枣实蝇 *Carpomya vesuviana* Costa
12. 落叶松枯梢病菌 *Botryosphaeria laricina* (Sawada) Shang
13. 松疱锈病菌 *Cronartium ribicola* J. C. Fischer ex Rabenhorst
14. 薇甘菊 *Mikania micrantha* H. B. K.